クルマとヒコーキで学ぶ
制御工学の基礎

博士(工学) 綱島　均
博士(工学) 中代重幸
博士(工学) 吉田秀久
博士(工学) 丸茂喜高

共著

コロナ社

まえがき

 身近な家電製品から航空宇宙産業まで制御技術なくしては存在し得ない。このような制御技術の基礎となる制御工学を習得しておくことは，技術者としては非常に重要である。一方，制御工学を学習する学生の目線で考えると，制御技術は非常に幅広い分野で用いられており，「○○を制御する」という言葉からもわかるように，目的語に相当する何かがなければ抽象的であり，具体例をイメージしながら学ぶのが難しい科目である。そこで，本書では制御する対象として，おもに自動車や航空機を取り上げながら，制御工学に必要な項目を，具体的にイメージしやすいように解説していくこととした。
 制御の種類を大別すると，「フィードバック制御」と「フィードフォワード制御」に分類できる。制御したい対象（制御対象）の特性が把握できていて，人為的に操作できない外部からの影響（外乱）が小さい場合には，制御対象の特性を逆算して入力を求めるフィードフォワード制御により目標を実現することができる。しかし，一般には，制御対象の特性を完全に把握することは難しく，また，外乱やノイズなどの影響により，フィードフォワード制御では，目的が達成できないばかりか，場合によっては不安定になることがある。そこで図のように，制御対象の出力（制御量）をセンサにより検出して，その信号を

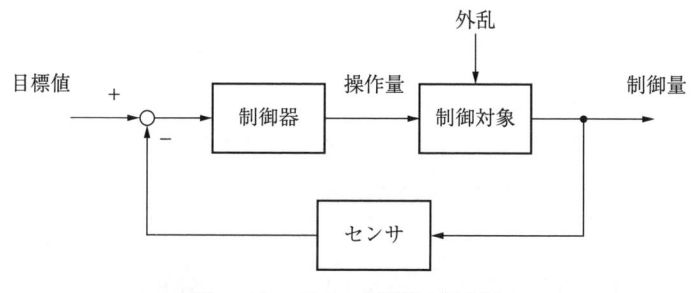

図　フィードバック制御の概念図

操作量の決定に反映（フィードバック）することで，安定性を補償して目標を実現するのがフィードバック制御である．本書では，このフィードバック制御について解説する．

　例えば，自動車であれば，アクセルペダルやブレーキペダルを操作することで，自動車の速度が変化する．速度を一定に保ちたい場合には，目標とする速度と現在の速度の差をもとにして，もし目標速度が現在の速度より高ければアクセル操作を，現在速度が目標速度より高ければブレーキ操作を行う．このようにして，制御対象の出力（ここでは速度）が操作量（ここではアクセルとブレーキの操作量）に反映（フィードバック）されることになる．ハンドル操作も同様に，自動車を目標コースに沿って走らせるために，現在の走行コースとのずれをフィードバックしてハンドルを左右に操舵する．

　最近の大型旅客機には高性能の自動飛行制御装置が装備されている．例えば自動操縦装置（オートパイロット）は，基準となる姿勢からのずれを修正するように，補助翼，昇降舵，方向舵を自動的に操作するものである．オートパイロットの基本的な構成にはフィードバック制御が用いられている．もし，機体の姿勢が大気などの外乱によって，指令された値からずれると，このずれをセンサによって検知し，補助翼，昇降舵，方向舵を動かし，指令された姿勢に戻るようにオートパイロットが動作する．初期の航空機はパイロットの負担が大きく，疲労が激しかったためオートパイロットの急速な発達をもたらした．現在も，構造の進化と平行して，制御の進化により安定性を確保しながら安全な運行を実現すべく，その進化の道筋を歩んでいる．

● 本書の構成と読み方

　本書の構成はつぎのとおりである．

　1 章では，制御対象となる自動車や航空機の運動を記述するため，その基礎となる運動方程式によるモデルの導出と代表的なモデル表現について説明する．

　2 章では，運動方程式を，ラプラス変換を用いて時間領域（t 領域）からラ

プラス領域（s領域）へ変換することによって得られる，伝達関数について取り扱う．制御対象を，伝達関数を用いて表現することにより，制御対象の特性を理解することが容易になる．

3章では，制御対象（システム）に入力が加わった場合，出力（制御量）が時間的にどのように変化していくかについて説明する．また，時間応答の特性を決める伝達関数の構造について説明する．

4章では，正弦波状の周期的な入力の変化に対して，システムの出力の振幅と位相がどのように変化するかを考え，周波数領域におけるシステムの特性の表現方法について学習する．

5章では，制御対象に対してフィードバック制御系を設計するにあたり，フィードバック制御の基本形態，特性方程式と特性根，さまざまな安定性の判別方法について説明する．

6章では，フィードバック制御系の設計のための設計仕様とその評価方法について説明する．特に，過渡特性によるフィードバック制御系の評価，定常特性による評価について述べる．さらに，具体的なフィードバック制御系としてPID制御の設計について述べる．

7章では，6章までに学んだ基礎的な事項を応用して，自動車と航空機を対象とした制御系設計問題を扱う．

巻末の付録には，制御工学のための基礎数学として，制御工学を学習するのに必要な基礎的事項をまとめておいた．すでに，理解している方は読み飛ばしていただいて結構であるが，初学者は一度目を通しておくことをお勧めする．

本書では，例題と章末問題をレベルに応じて*，**，***を付して分類してある．おおよその目安はつぎのとおりである．*は，基礎的な問題であり，必ず理解しておいていただきたい問題である．**は応用問題であり，自動車や航空機の制御への簡単な応用例を示しており，制御のより具体的なイメージをつかめるように配慮している．***は，さらに高度な応用問題であり，実際の制御系の設計事例を示している．学部ではじめて制御工学を学習する学生は，まず*印の例題，章末問題を理解することからはじめてもらいたい．

また，近年では，MATLABなどの制御系設計用のソフトウエアが活用されている。★を付した問題は，このようなソフトウエアの利用を推奨する問題である。

　最後に，本書を出版するにあたりご尽力いただいたコロナ社に厚く御礼を申し上げる。

2011年1月

著者一同

目　　　次

1. 運動とモデル

1.1 座　標　系 ………………………………………………………… 1
1.2 運動方程式 ………………………………………………………… 2
　1.2.1 直線運動 ……………………………………………………… 2
　1.2.2 回転運動 ……………………………………………………… 7
1.3 自動車の運動 ……………………………………………………… 10
　1.3.1 前後方向の運動 ……………………………………………… 10
　1.3.2 上下方向の運動 ……………………………………………… 11
　1.3.3 横方向の運動 ………………………………………………… 16
1.4 磁気浮上式車両の運動 …………………………………………… 18
1.5 航空機の運動 ……………………………………………………… 20
　1.5.1 ピッチング運動 ……………………………………………… 20
　1.5.2 長周期運動と短周期運動 …………………………………… 21
章末問題 …………………………………………………………………… 24

2. 伝達関数によるシステムの表現

2.1 伝 達 関 数 ………………………………………………………… 25
2.2 ブロック線図 ……………………………………………………… 33
　2.2.1 ブロック線図とは …………………………………………… 33
　2.2.2 ブロックの結合 ……………………………………………… 34
章末問題 …………………………………………………………………… 42

3. 時間応答

- 3.1 伝達関数を用いた時間応答の求め方 …………………………………… 44
- 3.2 極と零点 ……………………………………………………………………… 45
- 3.3 時間応答 ……………………………………………………………………… 48
  - 3.3.1 インパルス応答 ………………………………………………………… 48
  - 3.3.2 ステップ応答 …………………………………………………………… 51
- 3.4 伝達要素 ……………………………………………………………………… 53
  - 3.4.1 1次遅れ要素 …………………………………………………………… 53
  - 3.4.2 2次遅れ要素 …………………………………………………………… 57
- 3.5 極・零点と応答 ……………………………………………………………… 66
  - 3.5.1 極と応答 ………………………………………………………………… 66
  - 3.5.2 零点と応答 ……………………………………………………………… 69
- 章末問題 …………………………………………………………………………… 72

4. 周波数応答

- 4.1 周波数応答とは ……………………………………………………………… 74
- 4.2 周波数応答の計算方法 ……………………………………………………… 76
- 4.3 ベクトル軌跡 ………………………………………………………………… 78
  - 4.3.1 微分要素 ………………………………………………………………… 79
  - 4.3.2 積分要素 ………………………………………………………………… 79
  - 4.3.3 1次遅れ要素 …………………………………………………………… 80
  - 4.3.4 2次遅れ要素 …………………………………………………………… 82
- 4.4 ボード線図 …………………………………………………………………… 83
  - 4.4.1 微分要素 ………………………………………………………………… 84
  - 4.4.2 積分要素 ………………………………………………………………… 85
  - 4.4.3 1次遅れ要素 …………………………………………………………… 85
  - 4.4.4 2次遅れ要素 …………………………………………………………… 88

4.4.5　結合した要素……………………………………………92
　章　末　問　題……………………………………………………96

5.　フィードバック制御系の安定性

5.1　フィードバック制御………………………………………………98
5.2　特性方程式および特性根…………………………………………99
5.3　安　定　判　別　法………………………………………………99
　　5.3.1　ラウスの判別法……………………………………………100
　　5.3.2　フルビッツの判別法………………………………………102
　　5.3.3　ナイキストの判別法………………………………………103
5.4　根　　軌　　跡……………………………………………………107
5.5　フィードバック制御系の内部安定性……………………………108
　章　末　問　題……………………………………………………110

6.　フィードバック制御系の設計

6.1　過渡特性による評価・設計………………………………………112
　　6.1.1　時間領域における過渡特性の評価………………………112
　　6.1.2　ラプラス領域における過渡特性の評価…………………113
　　6.1.3　周波数領域における過渡特性の評価……………………115
6.2　定常特性による評価・設計………………………………………119
　　6.2.1　目標値に対する定常偏差…………………………………120
　　6.2.2　外乱に対する定常偏差……………………………………123
6.3　PID　制　御………………………………………………………125
　章　末　問　題……………………………………………………128

7. 自動車と航空機の制御

7.1 自動車の制御 ……………………………………………………… 129
　7.1.1 前後方向の制御 …………………………………………… 129
　7.1.2 上下方向の制御 …………………………………………… 138
　7.1.3 横方向の制御 ……………………………………………… 141
7.2 航空機の制御 ……………………………………………………… 145
章 末 問 題 ………………………………………………………………… 151

付録 制御工学のための基礎数学 …………………………………… 153
引用・参考文献 ………………………………………………………… 161
章末問題解答 …………………………………………………………… 162
索　　　引 ……………………………………………………………… 188

例題，章末問題のレベル表示

*　　　基礎（必修）：学部2年，3年
**　　応用（コース等に応じて選択）：学部3年
***　高度な応用：学部4年，大学院
★　　　MATLAB, Mathematica などの利用を推奨

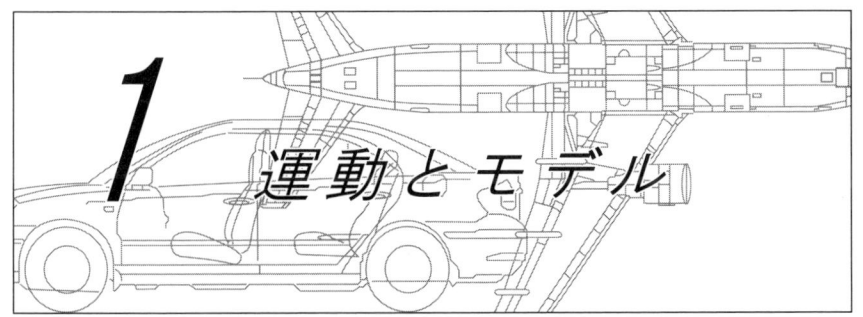

1 運動とモデル

　自動車や航空機などの運動を制御するためには，まずはじめにそれらの運動を理解することが重要であり，運動の特徴を数学的に記述する必要がある。本章では，運動を記述するための基礎的な項目である座標系や，自由物体図による運動方程式の導出方法，自動車や航空機などの代表的なモデル化について説明する。

1.1 座 標 系

　3次元空間の物体の運動を表現するためには，座標系を定義する必要がある。図1.1に自動車と航空機の代表的な座標系を示す。物体の前後方向にx軸（進行方向を正とする），横方向にy軸（自動車では左方向を正，航空機では右方向を正とする），上下方向にz軸（自動車では上方向を正，航空機では下方向を正とする）をとる。また，それぞれの軸まわりの回転運動として，x軸まわりをローリング（角度ϕ），y軸まわりをピッチング（角度θ），z軸

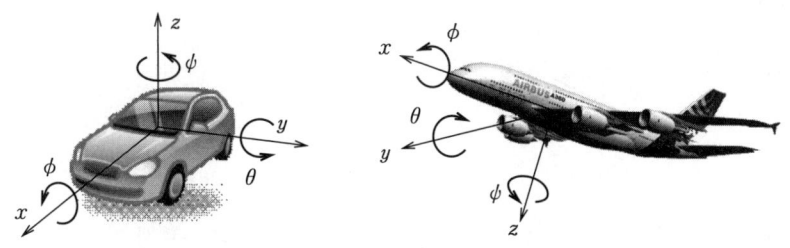

　　（a）　自動車の座標系　　　　　　（b）　航空機の座標系
図1.1　3次元空間における座標系

まわりをヨーイング（角度 ϕ）という。

1.2 運動方程式

　自動車や航空機に代表される移動体は，3次元空間において運動を行う。自動車の場合には，アクセル・ブレーキ操作による前後方向の運動，ハンドル操作による横方向の運動，凹凸のある路面を走行することによる上下方向の運動を行う。これら車両の運動を制御するためには，運動の特徴を表現する**モデル**（model）を得るための**モデル化**（modeling）が重要である。時々刻々変化する車両の運動を記述するための数学表現は微分方程式であり，運動をモデル化した表現を運動方程式という。

1.2.1 直線運動

　図1.2に示すように，時刻 t_1 において距離 x_1 にいる自動車が時刻 t_2 で距離 x_2 に移動した。このときの自動車の平均速度は

$$v = \frac{x_2 - x_1}{t_2 - t_1} \tag{1.1}$$

として求めることができる。自動車の速度は時々刻々変化するので，距離は図1.2に示すような単純な変化ではなく，**図1.3**に示すような変化をすることになる。このような場合に任意の時刻における速度を求める方法を考えよう。

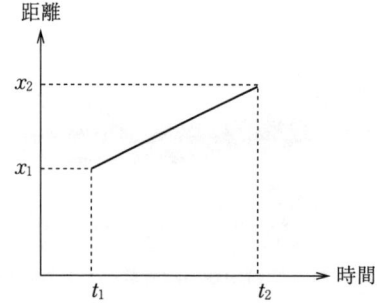
図1.2 距離と時間から速度を求める（1）

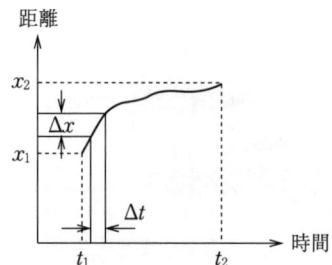
図1.3 距離と時間から速度を求める（2）

基本的には，図 1.2 の場合と同様にすればよい．ただし，考慮する時間区間を微小な時間区間 Δt とする．このときの距離変化が Δx であれば，この区間の平均速度は $\Delta x/\Delta t$ と計算できる．ここで，微小な時間区間 Δt を限りなく 0 に近づける（0 ではない）と，任意の時刻における速度が定まる．

$$v = \lim_{\Delta t \to 0} \frac{\Delta x}{\Delta t} \tag{1.2}$$

式 (1.2) の右辺は，微分の定義にほかならない．したがって，距離と速度の関係は

$$v = \lim_{\Delta t \to 0} \frac{\Delta x}{\Delta t} = \frac{dx}{dt} \tag{1.3}$$

となる．すなわち，距離を時間で微分したものが速度になる．

今度は，速度と時間から距離を求める方法を考える．一定の速度 v で時刻 t_1 から t_2 まで走行する．このとき，自動車が移動した距離は $v(t_2 - t_1)$ となる．すなわち，**図 1.4** の長方形の面積が移動距離に相当する．

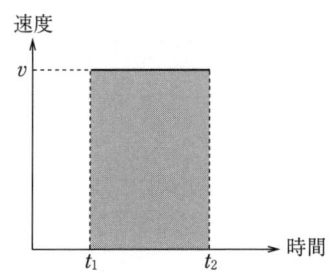

図 1.4 速度と時間から距離を求める（1）

速度が時々刻々変化する場合には，微小な時間区間 Δt に対して距離増加を考える．例えば，**図 1.5** の最初の区間における距離増加は，最初の短冊の面積 $v_1 \Delta t$，つぎの区間における距離増加は，つぎの短冊の面積 $v_2 \Delta t$ となる．このようにして，すべての短冊の面積の合計が増加した速度となるので，時刻 t_1 における距離を x_1 とすると，時刻 t_2 における距離 x_2 は

$$x_2 \approx x_1 + \left(v_1 \Delta t + v_2 \Delta t + \cdots\right) \tag{1.4}$$

となる．微小な時間区間 Δt を限りなく 0 に近づけると短冊の面積の合計は速度 $v(t)$ で囲まれた面積となる．したがって，時刻 t_2 における距離 x_2 は

4　1. 運動とモデル

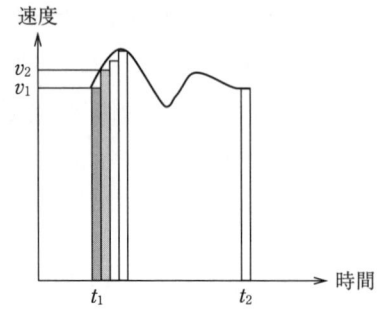

図 1.5　速度と時間から距離を求める（2）

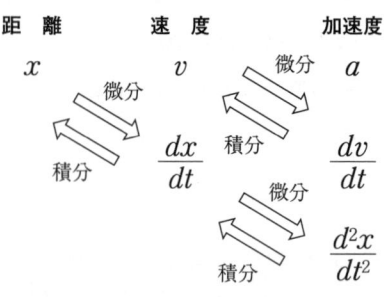

図 1.6　距離，速度，加速度の関係

$$x_2 = x_1 + \int_{t_1}^{t_2} v(t)\,dt \tag{1.5}$$

として求めることができる．すなわち，速度を時間で積分すると距離が求まることになる．これらの関係は，速度と加速度についても成立する．このことから，距離，速度，加速度は**図 1.6** に示すように，微分と積分の関係になっていることがわかる．このように，加速度の表現方法は 3 種類あるので，これに対応して運動方程式も**図 1.7** に示すように 3 種類の表現方法がある．

　なお，時間に対する微分は

$$\frac{dv}{dt} = \dot{v},\quad \frac{d^2x}{dt^2} = \ddot{x} \tag{1.6}$$

などと表現する．

　物体に外力が作用するとき，物体を質点（または剛体）として，質点（剛体）に作用する力の方向を**自由物体図**（free-body diagram）として表す．自由

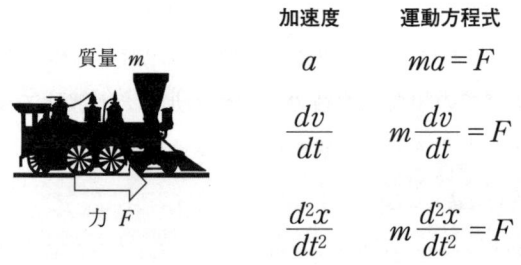

図 1.7　運動方程式の表現方法（直線運動）

物体図とは，物体をその他の部分から自由に切り離し，その切り離した部分に作用する可能性のある力をすべて表示した図である。これらの力の合力と，座標系の正の向きの慣性力とが一致する。この釣り合いの関係から車両の運動方程式が導き出される。

図1.8に示すように，質量 m の自動車が駆動力 f_x で加速する場合の運動方程式を求めてみよう。ただし，自動車が受ける抵抗を f_R，自動車の走行距離を x とする。

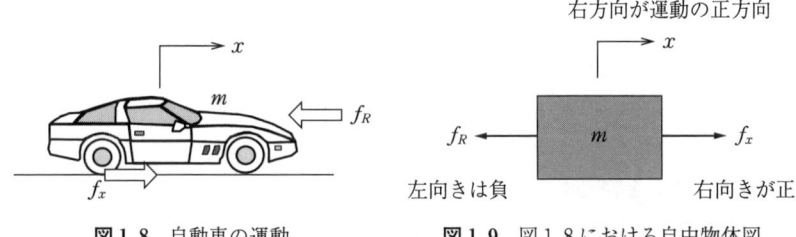

図1.8　自動車の運動　　図1.9　図1.8における自由物体図

運動の正の方向が右側であることに注意すると，右方向の力が正，左方向の力が負となる。質量 m に加速度（距離 x を基準にすると $\ddot{x}$）をかけたものが，物体に作用するすべての力の合計になるので，**図1.9**の自由物体図に描いた力を正負の符号に注意してすべて右辺に書くと，運動方程式は

$$m\ddot{x} = \sum F = f_x - f_R \tag{1.7}$$

となる。

例題1.1[*][†]　　**図1.10**のような質量・ばね・ダンパ系の運動を考える。ばね定数を k，ダンパの減衰係数を c，物体に作用する力を f とする。

（1）　自由物体図を描け。
（2）　運動方程式を求めよ。

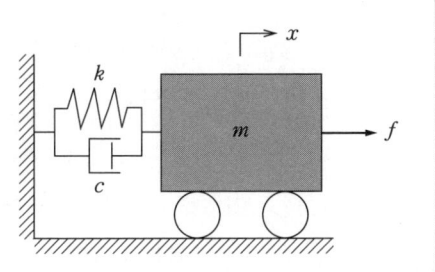

図1.10　質量・ばね・ダンパ系（1）

---

† 　＊は難易度を示す。詳細は，目次の末尾を参照。

6　　1. 運動とモデル

[解答]

（1）自由物体図は**図 1.11** のようになる。

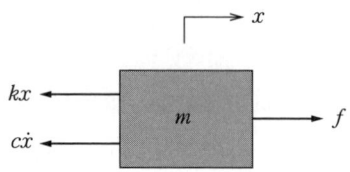

図 1.11　図 1.10 における自由物体図

（2）運動の正の方向が右側であることに注意すると，右方向の力が正，左方向の力が負となる。

自由物体図から運動方程式は
$$m\ddot{x} = \sum F = -c\dot{x} - kx + f \tag{1.8}$$
となる。これを整理すると
$$m\ddot{x} + c\dot{x} + kx = f \tag{1.9}$$
が得られる。　　■

例題 1.2* 　**図 1.12** のような質量・ばね・ダンパ系の運動を考える。ばね定数を k，ダンパの減衰係数を c，変位入力を x_0 とする。

（1）自由物体図を描け。

（2）運動方程式を求めよ。

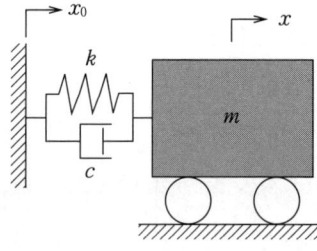

図 1.12　質量・ばね・ダンパ系（2）

解答

（1） ばねとダンパにより発生する力は，物体と変位入力間の相対変位 $(x-x_0)$ と，相対速度 $(\dot{x}-\dot{x}_0)$ にそれぞれ比例する。したがって，自由物体図は**図1.13**のようになる。

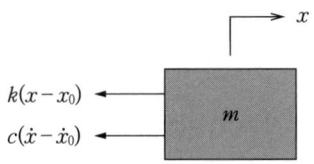

図1.13 図1.12における自由物体図

（2） 自由物体図から運動方程式は
$$m\ddot{x} = -c(\dot{x}-\dot{x}_0) - k(x-x_0) \tag{1.10}$$
となる。これを整理すると
$$m\ddot{x} + c\dot{x} + kx = c\dot{x}_0 + kx_0 \tag{1.11}$$
が得られる。 ∎

1.2.2 回転運動

回転運動も直線運動と同じように考えることができる。距離に対応するものが角度，速度に対応するものが角速度，加速度に対応するものが角加速度になる。したがって，角度，角速度，角加速度も**図1.14**に示すように，微分と積分の関係になっている。

回転運動に関する運動方程式も直線運動を基準に考えることができる。直線

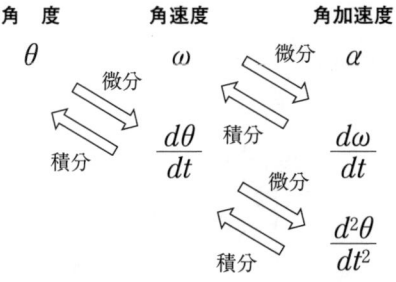

図1.14 角度，角速度，角加速度の関係

8　1. 運動とモデル

運動においては，物体を運動させる「原動力」は力 F〔N〕であるが，回転運動ではモーメント M〔N m〕になる。直線運動においては，質量 m〔kg〕は，その物体がもっている直線運動のしやすさ，しにくさを表すものと考えることができる。回転運動においては，質量に相当する位置には，回転運動のしやすさ，しにくさを表す量が入るはずである。これが慣性モーメント I〔kg m^2〕である。

回転運動の運動方程式は，角加速度の表現方法によって**図 1.15** に示すように 3 種類の表現方法がある。

	角加速度	運動方程式
慣性モーメント I	α	$I\alpha = M$
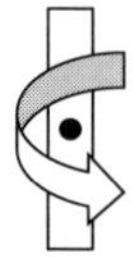	$\dfrac{d\omega}{dt}$	$I\dfrac{d\omega}{dt} = M$
モーメント M	$\dfrac{d^2\theta}{dt^2}$	$I\dfrac{d^2\theta}{dt^2} = M$

図 1.15　運動方程式の表現方法（回転運動）

例題 1.3[*]　**図 1.16** のような質量 m の振り子の運動を考える。振り子の回転角度を θ，回転軸に作用する制御モーメントを τ とする。振り子の回転角度 θ が微小な場合の運動方程式を求めよ。ただし，棒の質量は無視する。

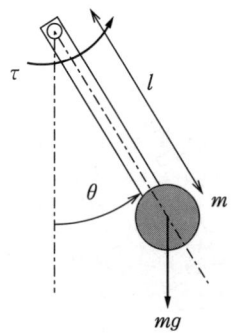

図 1.16　振り子の運動

[解答] 運動の正の方向が反時計回りであることに注意すると，**図1.17**に示すように反時計回りのモーメントが正，時計回りのモーメントが負となる。

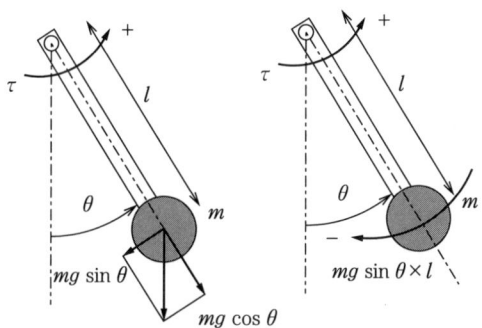

図1.17 振り子に作用する力，モーメント

慣性モーメント $I(=ml^2)$ に角加速度（角度 θ を基準にすると $\ddot{\theta}$）をかけたものが慣性項となり，回転軸まわりのすべての外力モーメントの合計に等しくなるので，運動方程式は

$$I\ddot{\theta} = \sum M = -mgl\sin\theta + \tau \tag{1.12}$$
$$ml^2\ddot{\theta} + mgl\sin\theta = \tau \tag{1.13}$$

となる。ここで，θ [rad] が微小であるとすると，**図1.18**より $\sin\theta \approx \theta$ と近似できるので[†]，運動方程式は

$$ml^2\ddot{\theta} + mgl\theta = \tau \tag{1.14}$$

となる。

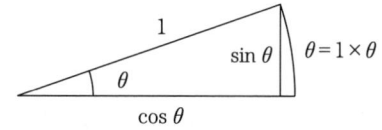

円弧の長さ＝半径 × 角度（ラジアン）

図1.18 $\sin\theta$, $\cos\theta$ の近似

∎

[†] 半径 r，角度 θ の円弧の長さは $r\theta$ となるので，半径1の円の場合，円弧の長さは θ となる。角度 θ が微小な場合，図1.18において，斜辺が1の直角三角形の高さと円弧の長さはほぼ等しい。したがって，$\sin\theta \approx \theta$ と近似できる。また，図より，$\cos\theta \approx 1$ と近似できることもわかる。

θ が微小な場合の振り子の自由振動を**図1.19**（a）に示す。式（1.13）による厳密解も式（1.14）もほぼ同じであり，近似が有効であることがわかる。一方，θ が大きい場合（図（b））には，厳密解と近似解には差があることがわかる。

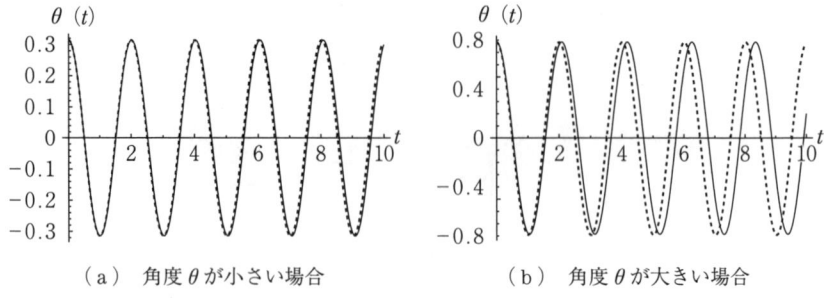

（a）角度 θ が小さい場合　　　　　（b）角度 θ が大きい場合

図1.19　振り子の自由振動（実線：式（1.13）による厳密解，破線：式（1.14）による近似解，$m=1$, $l=1$, $\tau=0$）

1.3　自動車の運動

1.3.1　前後方向の運動

例題1.4[*]　**図1.20**に示すような自動車の前後方向について考える。自動車には，エンジンから発生したトルクにより，駆動系の伝達機構，タイヤを通じて自動車を前進させようとする駆動力 f_x が作用する。また，自動車には，抵抗となる力 f_R が進行方向と反対に発生するものとする。

（1）自由物体図を描け。
（2）運動方程式を求めよ。

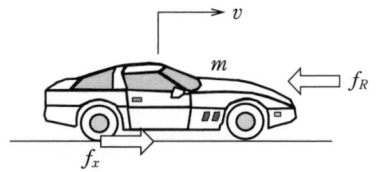

図1.20　自動車の前後方向のモデル

解答
（1）自由物体図は，**図1.21**のようになる。

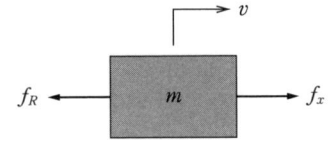

図 1.21 図 1.20 における自由物体図

（2） 自由物体図から運動方程式は以下のようになる。
$$m\dot{v} = f_x - f_R \tag{1.15}$$
ここで，m は自動車の質量，v は自動車の前後方向の速度である。　■

式 (1.15) の左辺の加速度は，これまでのように変位を 2 回時間で微分したものではなく，速度を 1 回時間で微分したものになっている。これは，前後運動を考えた場合，固定された壁に対してばねによる復元力のような力が働かず，後述する抗力が速度に依存するためである。

走行する自動車に対して抵抗となる力には，車体に作用する空気抵抗やタイヤの転がり抵抗などがあり，これらは自動車の速度の 2 乗やタイヤにかかる荷重に比例する。ここでは線形モデルとして扱うために，速度に比例して発生するものとすると，運動方程式は以下のようになる。
$$m\dot{v} = f_x - cv \tag{1.16}$$
ただし，c は速度に対する減衰（抵抗）係数である。

1.3.2 上下方向の運動

（1） 上下 1 自由度系のサスペンション

図 1.22 のような自動車のサスペンションを考える。この図はタイヤ 1 輪ぶんに相当する 1/4 車体モデルである。車体のピッチングやローリングの影響が大きくない場合には，このモデルで基礎的な検討が可能である。ここで車体の質量を m，サスペンションのばね定数を k，ダンパの減衰係数を c とする。また，静止状態からの車体の上下変位を z，路面の上下変位を z_0 とする。

12   1. 運動とモデル

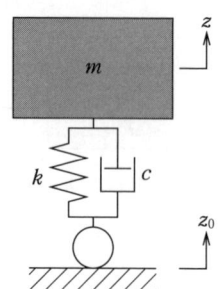

図 1.22 1自由度サスペンションモデル

> **例題 1.5**[*]　図 1.22 の 1 自由度サスペンションモデルの運動方程式を求めよ。

[解答]　ばねとダンパにより発生する力は，車体と路面間の相対変位 $(z-z_0)$ と，相対速度 $(\dot{z}-\dot{z}_0)$ にそれぞれ比例する。したがって，自由物体図は**図 1.23** のようになる。

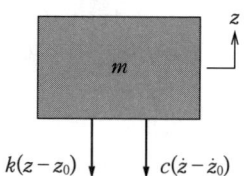

図 1.23 図 1.22 における自由物体図

自由物体図から運動方程式は

$$m\ddot{z} = -c(\dot{z}-\dot{z}_0) - k(z-z_0) \tag{1.17}$$

となる。これを整理すると

$$m\ddot{z} + c\dot{z} + kz = c\dot{z}_0 + kz_0 \tag{1.18}$$

が得られる。　∎

（2）上下 2 自由度系のサスペンション

前述のサスペンションモデルでは，タイヤの振動特性を考慮していない。より詳細に解析するためには，タイヤの特性も含めた上下 2 自由度振動モデルで

検討する必要がある．ばね上質量（m_2）である車体部と，ばね下質量（m_1）であるタイヤ・ホイール部が凹凸のある直線路面を走行する場合の車体の並進運動を対象とする．

上下方向の変位入力が車輪の路面接触点からタイヤの弾性を介してタイヤ・ホイール部へ伝わり，サスペンションを介して，車体を上下加振する．タイヤの弾性およびサスペンション部分を，ばねとダンパで支持されたモデルに簡略化すると，2自由度サスペンションモデルは**図1.24**となる．

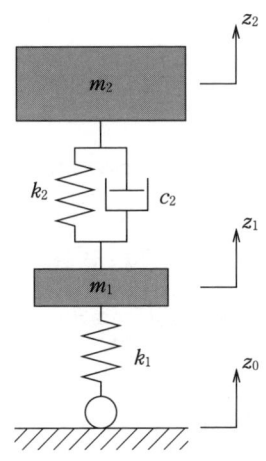

図1.24 2自由度サスペンションモデル

例題1.6** 図1.24の2自由度サスペンションモデルの運動方程式を求めよ．

【解答】 2自由度サスペンションモデルの自由物体図は**図1.25**のようになる．
自由物体図より，2自由度サスペンションモデルの運動方程式はつぎのようになる．

$$m_1\ddot{z}_1 = -c_2(\dot{z}_1 - \dot{z}_2) - k_2(z_1 - z_2) - k_1(z_1 - z_0) \tag{1.19}$$

$$m_2\ddot{z}_2 = -c_2(\dot{z}_2 - \dot{z}_1) - k_2(z_2 - z_1) \tag{1.20}$$

さらに上式を書き換えると，つぎのようになる．

14　1. 運動とモデル

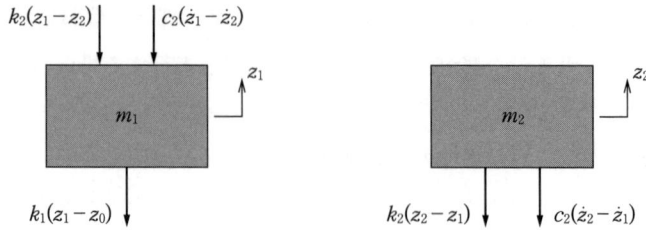

図1.25　図1.24における自由物体図

$$m_1\ddot{z}_1 + c_2\dot{z}_1 + (k_1 + k_2)z_1 - c_2\dot{z}_2 - k_2z_2 = k_1z_0 \tag{1.21}$$

$$m_2\ddot{z}_2 + c_2\dot{z}_2 + k_2z_2 - c_2\dot{z}_1 - k_2z_1 = 0 \tag{1.22}$$

　　　　　　　　　　　　　　　　　　　　■

ここで質量比 $\mu = m_2/m_1$，ばね下質量の固有角周波数 $\omega_1 = \sqrt{k_1/m_1}$，ばね上質量の固有角周波数 $\omega_2 = \sqrt{k_2/m_2}$，ばね上質量の減衰比 $\zeta = c_2/(2\sqrt{m_2k_2})$ を用いると，運動方程式はつぎのように表現できる．

$$\ddot{z}_1 + 2\mu\zeta\omega_2\dot{z}_1 + (\omega_1^2 + \mu\omega_2^2)z_1 - 2\mu\zeta\omega_2\dot{z}_2 - \mu\omega_2^2z_2 = \omega_1^2z_0 \tag{1.23}$$

$$\ddot{z}_2 + 2\zeta\omega_2\dot{z}_2 + \omega_2^2z_2 - 2\zeta\omega_2\dot{z}_1 - \omega_2^2z_1 = 0 \tag{1.24}$$

（3）　上下・ピッチングが連成したサスペンション

これまでは，車体のピッチングやローリングの影響が大きくないものとして，1/4車体でモデル化を行ったが，前後のタイヤに時間差（位相差）を持って路面変位が入力される場合には，上下運動のほかにピッチング運動も考慮する必要がある．前後輪における上下運動をそれぞれ1自由度で扱い，車体の上下・ピッチング運動を考慮したモデルを図1.26に示す．

このモデルは，車体の左右・ローリングの運動は考慮していないため，左右輪の上下運動は同一とみなした1/2車体モデルという．なお，前後輪の上下運動は同一とみなせて，左右輪の変位が異なる場合には，車体を前後で分割した1/2車体モデルを用いれば，上下・ローリング運動を考慮して，同様に検討が可能である．

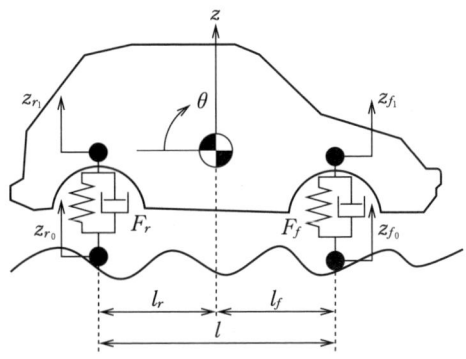

図1.26 上下・ピッチングのサスペンションモデル

例題1.7*** 図1.26の上下・ピッチングのサスペンションモデルの運動方程式を求めよ。ただし，前輪のばね定数を k_f，減衰係数を c_f，後輪のばね定数を k_r，減衰係数を c_r とし，車体ピッチ慣性モーメントを I_p，車体質量を m とする。

【解答】 車体重心の上下運動と車体重心点まわりのピッチング運動の運動方程式は，つぎのようになる。

$$m\ddot{z} = F_f + F_r \tag{1.25}$$

$$I_p \ddot{\theta} = -l_f F_f + l_r F_r \tag{1.26}$$

このときに前後の支持力はつぎのようになる。

$$F_f = -c_f(\dot{z}_{f_1} - \dot{z}_{f_0}) - k_f(z_{f_1} - z_{f_0}) \tag{1.27}$$

$$F_r = -c_r(\dot{z}_{r_1} - \dot{z}_{r_0}) - k_r(z_{r_1} - z_{r_0}) \tag{1.28}$$

幾何学的関係は $z_f = z - l_f \theta$，$z_r = z + l_r \theta$ であることから，このモデルの運動方程式は，つぎのようになる。

$$\begin{aligned}m\ddot{z} = &- c_f(\dot{z} - l_f\dot{\theta} - \dot{z}_{f_0}) - k_f(z - l_f\theta - z_{f_0}) \\ &- c_r(\dot{z} + l_r\dot{\theta} - \dot{z}_{r_0}) - k_r(z + l_r\theta - z_{r_0})\end{aligned} \tag{1.29}$$

$$\begin{aligned}I_p \ddot{\theta} = &- l_f\left\{-c_f(\dot{z} - l_f\dot{\theta} - \dot{z}_{f_0}) - k_f(z - l_f\theta - z_{f_0})\right\} \\ &+ l_r\left\{-c_r(\dot{z} + l_r\dot{\theta} - \dot{z}_{r_0}) - k_r(z + l_r\theta - z_{r_0})\right\}\end{aligned} \tag{1.30}$$

上式を整理すると

$$m\ddot{z} + (c_f + c_r)\dot{z} + (k_f + k_r)z - (l_f c_f - l_r c_r)\dot{\theta} - (l_f k_f - l_r k_r)\theta$$
$$= c_f \dot{z}_{f_0} + k_f z_{f_0} + c_r \dot{z}_{r_0} + k_r z_{r_0} \tag{1.31}$$

$$I_p \ddot{\theta} + (l_f^2 c_f + l_r^2 c_r)\dot{\theta} + (l_f^2 k_f + l_r^2 k_r)\theta - (l_f c_f - l_r c_r)\dot{z} - (l_f k_f - l_r k_r)z$$
$$= -l_f c_f \dot{z}_{f_0} - l_f k_f z_{f_0} + l_r c_r \dot{z}_{r_0} + l_r k_r z_{r_0} \tag{1.32}$$

が得られる。　∎

　車体ピッチ慣性モーメント I_p と車体質量 m の間に $I_p = m l_f l_r$ の関係が成り立つ場合には，車体上下振動は前後の車体振動が連成することなく，非干渉となる。したがって，前後サスペンション位置における上下変位は，サスペンション特性によらず，前後非干渉で，前後独立に路面から受ける外乱のみにより応答が決まることとなる。

　通常路面外乱は，走行速度とホイールベースの関係から，時間差で入力される。そこで一般には時間差を伴う入力により車体は加振され，前後で連成した振動状態となる。仮に車両が前後対称であれば，路面外乱からの入力が同相の場合は，車体は上下の並進運動のみとなり，逆相であれば，回転運動のピッチング運動のみとなる。そして前後非干渉条件（$I_p = m l_f l_r$）を満たさない場合には，前後のサスペンション位置における車体上下の振動振幅は，一般に等しくならない。

1.3.3　横方向の運動

　自動車の横方向の運動方程式は，移動する自動車に固定した座標系により記述する方法と，路面に固定した座標系を用いて記述する方法とがある。前者は，自動車の横すべりを防止する横すべり防止制御などに用いられ，後者は，目標とするコースに沿って自動車を走行させる車線追従制御などに用いられる。ここでは，目標コースに沿って走行する制御を行うために，路面に固定された座標系による運動方程式を導出する。

　走行速度 V は一定として扱い，左右のタイヤの発生する横方向の力が等しいと仮定して，左右のタイヤを一つにまとめて運動方程式を導出する。前後で

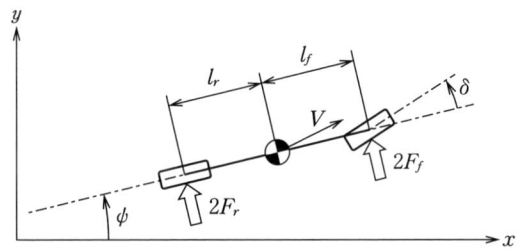

図1.27 自動車の横方向の運動モデル（等価二輪モデル）

それぞれ一輪になるので等価二輪モデルという。等価二輪モデルを**図1.27**に示す。

タイヤの発生する力をコーナリングフォースといい，前輪のコーナリングフォースをF_f，後輪のコーナリングフォースをF_rとすると，自動車には左右二輪ぶんのコーナリングフォースが作用する。このときの自動車の横方向とヨーイング方向の運動方程式はそれぞれ以下のようになる。

$$m\ddot{y} = 2F_f + 2F_r \tag{1.33}$$

$$I\ddot{\phi} = 2l_f F_f - 2l_r F_r \tag{1.34}$$

ただし，mは質量，Iはヨー慣性モーメント，l_fは重心前輪軸間距離，l_rは重心後輪軸間距離である。

タイヤのコーナリングフォースは，タイヤの向いている方向と進んでいる方向の間の角度である横すべり角に比例して発生する。このときの比例係数をコーナリングパワといい，前輪の横すべり角をβ_f，後輪の横すべり角をβ_rとすると，コーナリングフォースは以下のように記述できる。

$$F_f = -C_f \beta_f \tag{1.35}$$

$$F_r = -C_r \beta_r \tag{1.36}$$

ただし，C_fは前輪のコーナリングパワ，C_rは後輪のコーナリングパワである。

前後輪の横すべり角は，それぞれ以下のように表せる。

$$\beta_f = \beta + \frac{l_f}{V}\dot{\phi} - \phi - \delta = \frac{1}{V}\dot{y} + \frac{l_f}{V}\dot{\phi} - \phi - \delta \tag{1.37}$$

$$\beta_r = \beta - \frac{l_r}{V}\dot{\phi} - \phi = \frac{1}{V}\dot{y} - \frac{l_r}{V}\dot{\phi} - \phi \tag{1.38}$$

18   1. 運動とモデル

ただし，β は車体の横すべり角，δ は操舵角である．

以上より，運動方程式は以下のようになる．

$$m\ddot{y} = 2C_f\left(-\frac{1}{V}\dot{y} - \frac{l_f}{V}\dot{\phi} + \phi + \delta\right) + 2C_r\left(-\frac{1}{V}\dot{y} + \frac{l_r}{V}\dot{\phi} + \phi\right) \quad (1.39)$$

$$I\ddot{\phi} = 2l_f C_f\left(-\frac{1}{V}\dot{y} - \frac{l_f}{V}\dot{\phi} + \phi + \delta\right) - 2l_r C_r\left(-\frac{1}{V}\dot{y} + \frac{l_r}{V}\dot{\phi} + \phi\right) \quad (1.40)$$

1.4 磁気浮上式車両の運動

車輪を使わず磁石の力で車体を浮かして支持する磁気浮上式車両（**図1.28**）は，車体が軌道と接触しないよう，浮上空隙（ギャップ）をつねに管理する必要がある（**図1.29**）．

図1.30 より，下向きが正であることに注意すると，軌道から吊り下げられ

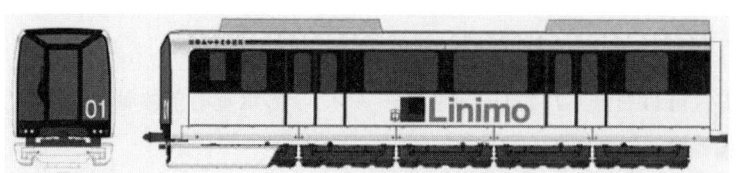

図1.28　磁気浮上式車両（http://www.linimo.jp/syaryo）

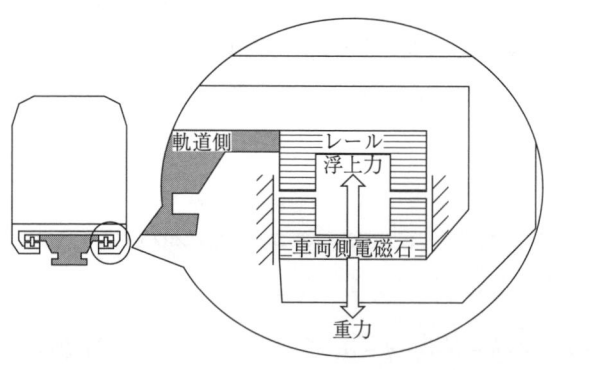

図1.29　磁気浮上システム

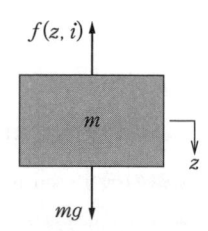

図1.30　図1.29における自由物体図

1.4 磁気浮上式車両の運動

る電磁石の運動方程式は

$$m\ddot{z} = -f(z, i) + mg \tag{1.41}$$

と表せる。ここで，$f(z, i)$ は電磁石の吸引力でつぎのようになる。

$$f(z, i) = \alpha \left(\frac{i}{z}\right)^2 \tag{1.42}$$

ただし，m は電磁石の質量，z は電磁石の軌道からの変位，i は電磁石電流である。係数 α は電磁石の巻数，形状，透過率により決まる。

電磁石の吸引力と重力が釣り合った状態からの微小時間での電磁石の変位および電流の変化

$$z = z_0 + \Delta z \tag{1.43}$$

$$i = i_0 + \Delta i \tag{1.44}$$

を考える。平衡点では，電磁石の吸引力と重力が釣り合っているので

$$mg = \alpha \left(\frac{i_0}{z_0}\right)^2 \tag{1.45}$$

となる。

吸引力は，以下のように近似できる。

$$f(z, i) = \alpha \left(\frac{i_0 + \Delta i}{z_0 + \Delta z}\right)^2 = \alpha \left(\frac{i_0}{z_0}\right)^2 \left(\frac{1 + \Delta i / i_0}{1 + \Delta z / z_0}\right)^2 \tag{1.46}$$

$$f(z, i) \approx \alpha \left(\frac{i_0}{z_0}\right)^2 \left(1 + 2\frac{\Delta i}{i_0} - 2\frac{\Delta z}{z_0}\right) \tag{1.47}$$

式 (1.45) と式 (1.47) を式 (1.41) に代入すると

$$m\Delta\ddot{z} = \alpha \left(\frac{i_0}{z_0}\right)^2 \left(2\frac{\Delta z}{z_0} - 2\frac{\Delta i}{i_0}\right) = 2\alpha \frac{i_0^2}{z_0^3} \Delta z - 2\alpha \frac{i_0}{z_0^2} \Delta i \tag{1.48}$$

となるので，電磁石の平衡点からの運動方程式は

$$m\Delta\ddot{z} - K_z \Delta z = K_i \Delta i \tag{1.49}$$

となる。ただし，$K_z = 2\alpha(i_0^2/z_0^3)$，$K_i = -2\alpha(i_0/z_0^2)$ である。

1.5 航空機の運動

航空機の運動は，機体を剛体と仮定して，重心の並進運動と重心まわりの回転運動に分けて考えることができる。航空機に作用する力とモーメントは，揚力や抗力などの空気力，ジェットエンジンなどによる推力，重力によって与えられる。一般に，機体に固定した座標系における航空機の運動方程式は6自由度の非線形方程式になる。飛行制御系の基本的な設計においては，微小擾乱法を用いて線形化した運動方程式が用いられる。ここでは，図 1.31 に示す航空機の縦の運動について説明する。

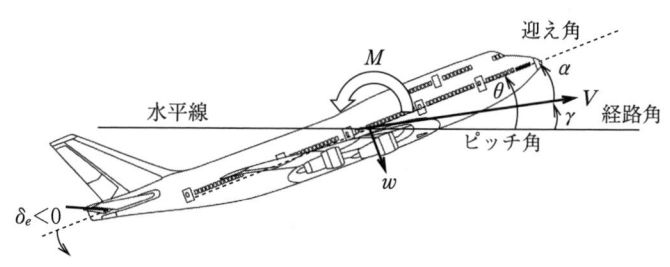

図 1.31 航空機の縦の運動

1.5.1 ピッチング運動

航空機の重心が等速直線運動を行っているが，重心まわりには自由に回転できるような状態を考える（図 1.31）。このようなピッチング運動の運動方程式は

$$I\ddot{\theta} = M \tag{1.50}$$

と表現できる。ここで I は，機体のピッチ慣性モーメントである。ピッチングモーメント M とピッチ角 θ は，平衡姿勢を保つのに必要なモーメント M_0 とピッチ角 θ_0 とそこからの微小変動 ΔM，$\Delta \theta$ を用いて

1.5 航空機の運動

$$M = M_0 + \Delta M \tag{1.51}$$

$$\theta = \theta_0 + \Delta \theta \tag{1.52}$$

と書くことができる。

モーメントと平衡ピッチ角 θ_0 は一定値であるので，平衡姿勢からのピッチング運動の運動方程式は

$$I\Delta \ddot{\theta} = \Delta M \tag{1.53}$$

となる。

ピッチングモーメントは，迎角 $\alpha (\approx w/V)$，ピッチ角速度 $\dot{\theta}$，昇降舵角 δ_e によって変化するので，つぎのように書くことができる。

$$\Delta M = \frac{\partial M}{\partial w}\Delta w + \frac{\partial M}{\partial \dot{\theta}}\Delta \dot{\theta} + \frac{\partial M}{\partial \delta_e}\Delta \delta_e = IM_w \Delta w + IM_q \Delta \dot{\theta} + IM_{\delta_e}\Delta \delta_e \tag{1.54}$$

ここで，M_w，M_q，M_{δ_e} は安定微係数（空力微係数）と呼ばれるもので，機体の空力特性により決定される。

純粋なピッチング運動のみを考えた場合は，微小時間での迎角変化 $\Delta \alpha$ とピッチ角変化 $\Delta \theta$ は同一となるので，$\Delta \alpha = \Delta \theta = \Delta w / V$ より

$$\Delta \ddot{\theta} - M_q \Delta \dot{\theta} - M_w V \Delta \theta = M_{\delta_e}\Delta \delta_e \tag{1.55}$$

となる。

1.5.2 長周期運動と短周期運動

実際には，機体のピッチ角は，前後方向の速度および上下方向の速度と関係するため，迎角変化 $\Delta \alpha$ とピッチ角変化 $\Delta \theta$ は同一とならない。このとき，線形化した航空機の縦の運動は

$$\Delta \dot{u} = X_u \Delta u + X_w \Delta w + X_q \Delta \dot{\theta} - (g\cos\theta_0)\Delta \theta + X_{\delta_e}\Delta \delta_e$$

$$\Delta \dot{w} = Z_u \Delta u + Z_w \Delta w + V\Delta \dot{\theta} - (g\sin\theta_0)\Delta \theta + Z_{\delta_e}\Delta \delta_e$$

$$\Delta \ddot{\theta} = M_u \Delta u + M_w \Delta w + M_q \Delta \dot{\theta} + M_{\delta_e}\Delta \delta_e \tag{1.56}$$

と表現される。ここで，右辺の係数 X，Z，M はそれぞれ安定微係数（空力微

22　1. 運動とモデル

係数）で，機体の空力特性により決定される。例えば，高度 40 000 ft を 774 ft/s（マッハ 0.8）で飛行する Boeing 747 の場合，つぎのような運動方程式となる。

$$\Delta\dot{u} = -0.006\,868\Delta u + 0.013\,95\Delta w - 32.2\Delta\theta$$

$$\Delta\dot{w} = -0.090\,55\Delta u - 0.315\,1\Delta w + 774\Delta\dot{\theta} - 17.85\Delta\delta_e$$

$$\Delta\ddot{\theta} = -0.000\,118\,7\Delta u - 0.001\,026\Delta w - 0.428\,5\Delta\dot{\theta} - 1.158\Delta\delta_e \quad (1.57)$$

昇降舵に対して，1°の上げ舵（通常，操縦かんを押す，下げ舵方向が正と定義されている）操作を 2 秒間行った。このときの速度，迎角，ピッチ角の初期状態からの変化（Δu, $\Delta\alpha$, $\Delta\theta$）を**図 1.32**, **図 1.33** に示す[†]。なお，図 1.33 は図 1.32 の最初の 20 秒を表示したものである。

これらの図より，航空機の縦の応答には二つの特徴的な応答があることがわかる。一つは速度とピッチ角に影響がある周期の長いモードであり，もう一つは，迎角とピッチ角に影響がある周期の短いモードである。前者を長周期モード（フゴイドモードとも呼ばれる），後者を短周期モードと呼ぶ。長周期モードは，一定の迎角において，高度変化と速度変化による運動エネルギと位置エネルギの交換によって発生するものであり，減衰が悪い運動であることがわかる。一方，短周期モードは，減衰の早いモードであることも理解できる。

航空機の縦の短周期モードの運動方程式は，速度変化を無視することにより

$$\Delta\dot{w} = Z_w\Delta w + V\Delta\dot{\theta} + Z_{\delta_e}\Delta\delta_e$$

$$\Delta\ddot{\theta} = M_w\Delta w + M_q\Delta\dot{\theta} + M_{\delta_e}\Delta\delta_e \quad (1.58)$$

と表現できる。前出の Boeing 747 の場合には，つぎのような運動方程式となる。

$$\Delta\dot{w} = -0.315\,1\Delta w + 774\Delta\dot{\theta} - 17.85\Delta\delta_e$$

$$\Delta\ddot{\theta} = -0.001\,026\Delta w - 0.428\,5\Delta\dot{\theta} - 1.158\Delta\delta_e \quad (1.59)$$

[†] 本書では，航空機の例題に関しては，慣例に従って距離を〔ft〕速度を〔ft/s〕，角度を〔°〕で記述している。

1.5 航空機の運動

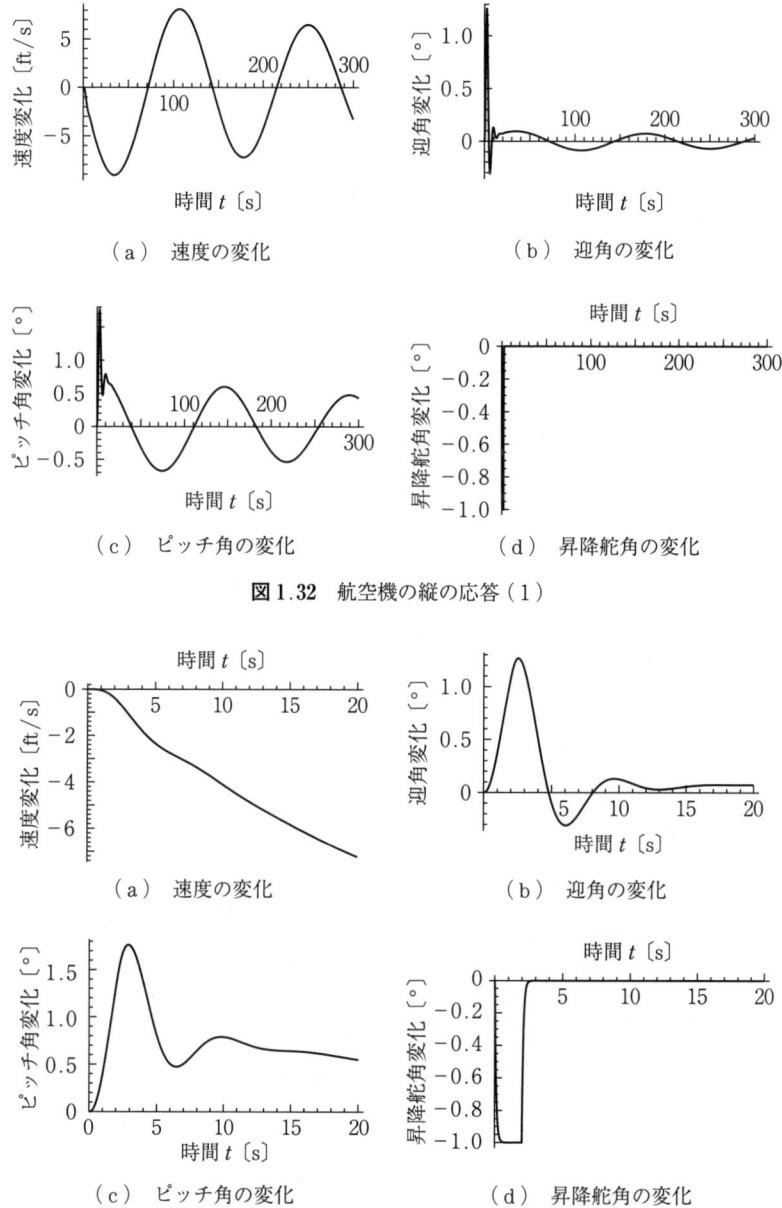

(a) 速度の変化   (b) 迎角の変化

(c) ピッチ角の変化   (d) 昇降舵角の変化

図1.32 航空機の縦の応答（1）

(a) 速度の変化   (b) 迎角の変化

(c) ピッチ角の変化   (d) 昇降舵角の変化

図1.33 航空機の縦の応答（2）

章 末 問 題

1.1* 問題図1.1のような質量・ばね・ダンパ系の運動を考える。質量を m, ばね定数を k, ダンパの減衰係数を c, 物体に作用する力を f とする。運動方程式を求めよ。

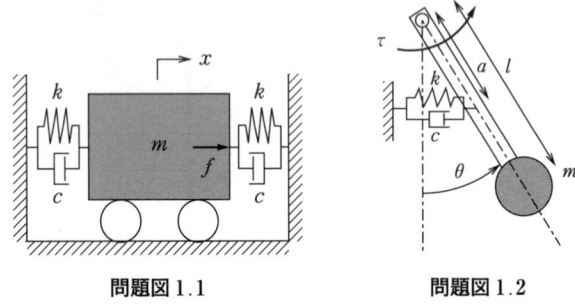

問題図1.1　　　　　問題図1.2

1.2* 問題図1.2の振り子の運動を考える。振り子の回転角度を θ, 回転軸に作用する制御モーメントを τ とする。振り子の回転角度 θ が微小な場合の運動方程式を求めよ。ただし、棒の質量は無視する。

1.3** 例題1.7で説明した図1.26の上下・ピッチングのサスペンションモデルにおいて

（1）重心の上下運動（z に関する式）とピッチング運動（θ に関する式）がたがいに影響を及ぼさないための条件を求めよ。

（2）車体ピッチ慣性モーメント I_p と車体質量 m の間に、$I_p = ml_f l_r$ の関係が成り立つ場合には、前後のサスペンション位置における車体上下振動は、たがいに影響を及ぼしあうことなく、非干渉となることを示せ。

2 伝達関数による システムの表現

前章では微分方程式によるシステムのモデル表現について整理をした。本章ではラプラス変換を用いて，時間領域（t領域）からラプラス領域（s領域）へ変換することで得られる，伝達関数表現によるモデル化について取り扱う。ラプラス変換により，解析が難しい微分方程式で記述されるモデルを，代数方程式で扱うことが可能となる。

2.1 伝達関数

図2.1のような質量・ばね・ダンパ系の運動を考える。質量をm，ばね定数をk，ダンパの減衰係数をc，物体に作用する力をfとする。

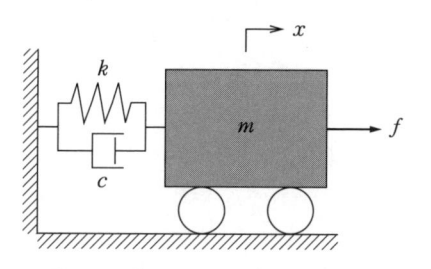

図2.1 質量・ばね・ダンパ系（1）

質量・ばね・ダンパ系の運動方程式は

$$m\ddot{x}(t) + c\dot{x}(t) + kx(t) = f(t) \tag{2.1}$$

となる。ここで，物体に作用する力$f(t)$をこのシステムに対する時間領域における入力（$u(t)$と書く），物体の変位$x(t)$を時間領域における出力（$y(t)$と書

く）とみることができるので，$u(t) = f(t)$, $y(t) = x(t)$ と書きなおすと

$$m\ddot{y}(t) + c\dot{y}(t) + ky(t) = u(t) \tag{2.2}$$

となる。

式 (2.2) の両辺を，初期値を 0 として**ラプラス変換**（Laplace transform）すると

$$ms^2 Y(s) + csY(s) + kY(s) = U(s) \tag{2.3}$$

となる。ここで，$Y(s) = \mathcal{L}[y(t)]$, $U(s) = \mathcal{L}[u(t)]$ である。なお，"$\mathcal{L}$" はラプラス変換を示す。これにより，図 2.2 および図 2.3 に示すように時間 (t) の世界（時間領域）からラプラス変数 (s) の世界（ラプラス領域）へ移動することができる。

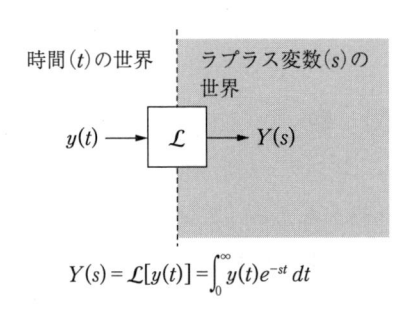

図 2.2　ラプラス変換

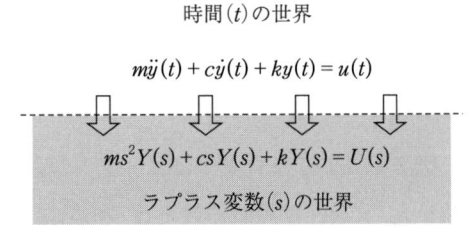

図 2.3　質量・ばね・ダンパ系（1）の運動方程式のラプラス変換（ただし，初期値は 0）

したがって

$$(ms^2 + cs + k)Y(s) = U(s) \tag{2.4}$$

から

$$Y(s) = \frac{1}{ms^2 + cs + k} U(s) \tag{2.5}$$

という関係が得られる（図 2.4）。

図 2.4　質量・ばね・ダンパ系（1）の伝達関数

これはラプラス領域（s領域）における入力 $U(s)$ と出力 $Y(s)$ の関係を表現したものである．いいかえれば，入力信号がどのように出力信号に変換（伝達）されるかを示したもので

$$G(s) = \frac{Y(s)}{U(s)} = \frac{1}{ms^2 + cs + k} \tag{2.6}$$

を**伝達関数**（transfer function）と呼んでいる．

伝達関数とは，すべての初期値を0としたときの，出力のラプラス変換と入力のラプラス変換の比である．すなわち

$$伝達関数\ G(s) = \frac{出力のラプラス変換\ Y(s)}{入力のラプラス変換\ U(s)}$$

である．

一般に，伝達関数 $G(s)$ を用いて，入力 $U(s)$ と出力 $Y(s)$ の関係は

$$Y(s) = G(s)U(s) \tag{2.7}$$

と書くことができる．すなわち，入力信号に伝達関数をかけたものが出力信号となる（図 2.5）．

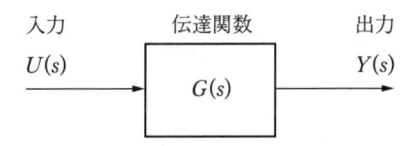

図 2.5 伝達関数と入力・出力の関係

例題 2.1＊ 例題 1.4 で取り上げた自動車の前後方向の運動について考える（図 2.6）．駆動力 f_x から速度 v までの伝達関数 $G(s)$ を求めよ．

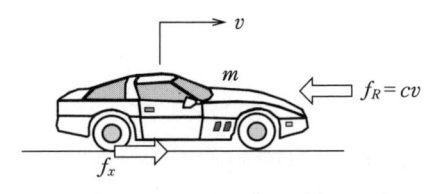

図 2.6 自動車の前後方向のモデル

[解答] 式 (1.16) から左辺を自動車の速度 v についてまとめると以下のようになる。

$$m\dot{v}(t) + cv(t) = f_x(t) \tag{2.8}$$

伝達関数を求めるために，初期値を0として上式をラプラス変換すると以下のようになる。

$$msV(s) + cV(s) = F_x(s) \tag{2.9}$$

駆動力 F_x を入力，速度 V を出力とすると，伝達関数 $G(s)$ は以下のようになる（図 2.7）。

$$G(s) = \frac{V(s)}{F_x(s)} = \frac{1}{ms+c} \tag{2.10}$$

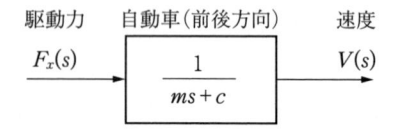

図 2.7 自動車の前後方向の伝達関数

■

例題 2.2* 例題 1.5 で取り上げた自動車のサスペンションを考える（図 2.8）。

路面の上下変位 z_0 から車体の上下変位 z までの伝達関数 $G(s)$ を求めよ。

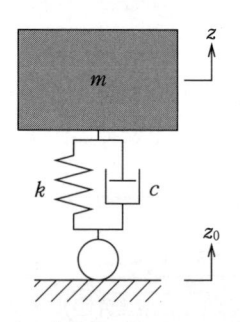

図 2.8 自動車のサスペンション

【解答】 運動方程式は
$$m\ddot{z}(t) + c\dot{z}(t) + kz(t) = c\dot{z}_0(t) + kz_0(t) \tag{2.11}$$
となる。両辺をラプラス変換すると
$$(ms^2 + cs + k)Z(s) = (cs + k)Z_0(s) \tag{2.12}$$
となるので，伝達関数は
$$G(s) = \frac{Z(s)}{Z_0(s)} = \frac{cs + k}{ms^2 + cs + k} \tag{2.13}$$
となる（図 2.9）。

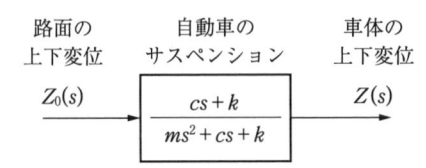

```
路面の              自動車の              車体の
上下変位          サスペンション         上下変位
Z₀(s)  ──▶  │  (cs+k)/(ms²+cs+k)  │  ──▶  Z(s)
```

図 2.9 自動車のサスペンションの伝達関数

∎

【例題 2.3***】 図 1.24 の 2 自由度サスペンションモデルの路面変位 z_0 からばね下変位 z_1 まで，z_0 から車体変位 z_2 までの各伝達関数 $G_1(s)$，$G_2(s)$ を求めよ。

【解答】 式 (1.23)，(1.24) をラプラス変換し，行列形式で整理すると，つぎのようになる。

$$\begin{bmatrix} s^2 + 2\mu\zeta\omega_2 s + (\omega_1^2 + \mu\omega_2^2) & -(2\mu\zeta\omega_2 s + \mu\omega_2^2) \\ -(2\zeta\omega_2 s + \omega_2^2) & s^2 + 2\zeta\omega_2 s + \omega_2^2 \end{bmatrix} \begin{bmatrix} Z_1(s) \\ Z_2(s) \end{bmatrix} = \begin{bmatrix} \omega_1^2 \\ 0 \end{bmatrix} Z_0(s) \tag{2.14}$$

左辺の $Z_1(s)$，$Z_2(s)$ について解くと，z_0 から z_1 までの伝達関数 $G_1(s)$，z_0 から z_2 までの伝達関数 $G_2(s)$ は，つぎのようになる（図 2.10）。

$$G_1(s) = \frac{\omega_1^2 s^2 + 2\zeta\omega_1^2 \omega_2 s + \omega_1^2 \omega_2^2}{s^4 + 2(1+\mu)\zeta\omega_2 s^3 + \{\omega_1^2 + (1+\mu)\omega_2^2\}s^2 + 2\zeta\omega_1^2\omega_2 s + \omega_1^2\omega_2^2} \tag{2.15}$$

$$G_2(s) = \frac{2\zeta\omega_1^2 \omega_2 s + \omega_1^2 \omega_2^2}{s^4 + 2(1+\mu)\zeta\omega_2 s^3 + \{\omega_1^2 + (1+\mu)\omega_2^2\}s^2 + 2\zeta\omega_1^2\omega_2 s + \omega_1^2\omega_2^2} \tag{2.16}$$

30   2. 伝達関数によるシステムの表現

```
路面の          自動車の         ばね下の        路面の         自動車の         車体の
上下変位        サスペンション    上下変位       上下変位       サスペンション    上下変位
Z_0(s)          G_1(s)          Z_1(s)        Z_0(s)         G_2(s)          Z_2(s)

     (a) ばね下の伝達関数              (b) ばね上の伝達関数
```

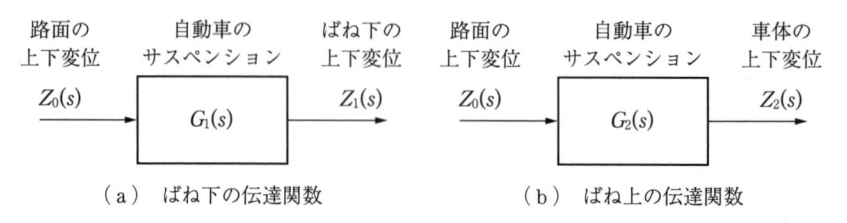

図 2.10 上下 2 自由度サスペンションの伝達関数

■

例題 2.4*** 図 1.26 の上下・ピッチングのサスペンションモデルの前後路面変位 z_{f_0}, z_{r_0} から車体重心上下変位 z, 重心のピッチ角 θ までの各伝達関数を求めよ。

[解答] 式 (1.31), (1.32) において,重心の上下振動および重心まわりのピッチング運動の固有角振動数,減衰比等のパラメータをつぎのように定義する。

$$\omega_z = \sqrt{(k_f+k_r)/m}, \quad \omega_\theta = \sqrt{(l_f^2 k_f + l_r^2 k_r)/I_p}, \quad \zeta_z = (c_f+c_r)/\left\{2\sqrt{m(k_f+k_r)}\right\},$$

$$\zeta_\theta = (l_f^2 c_f + l_r^2 c_r)/\left\{2\sqrt{I_p(l_f^2 k_f + l_r^2 k_r)}\right\}, \quad \mu = m/I_p, \quad \omega_c = \sqrt{(l_r k_r - l_f k_f)/m},$$

$$\zeta_c = (l_r c_r - l_f c_f)/\left\{2\sqrt{m(l_r k_r - l_f k_f)}\right\}$$

これらのパラメータを用いると,運動方程式はつぎのようになる。

$$\ddot{z} + 2\zeta_z \omega_z \dot{z} + \omega_z^2 z + 2\zeta_c \omega_c \dot{\theta} + \omega_c^2 \theta = \frac{c_f \dot{z}_{f0} + k_f z_{f0} + c_r \dot{z}_{r0} + k_r z_{r0}}{m} \tag{2.17}$$

$$\ddot{\theta} + 2\zeta_\theta \omega_\theta \dot{\theta} + \omega_\theta^2 \theta + 2\mu\zeta_c \omega_c \dot{z} + \mu\omega_c^2 z = \frac{-l_f c_f \dot{z}_{f0} - l_f k_f z_{f0} + l_r c_r \dot{z}_{r0} + l_r k_r z_{r0}}{I_p} \tag{2.18}$$

式 (2.17) と式 (2.18) をラプラス変換すると

$$\begin{bmatrix} s^2 + 2\zeta_z\omega_z s + \omega_z^2 & 2\zeta_c\omega_c s + \omega_c^2 \\ 2\mu\zeta_c\omega_c s + \mu\omega_c^2 & s^2 + 2\zeta_\theta\omega_\theta s + \omega_\theta^2 \end{bmatrix} \begin{bmatrix} Z(s) \\ \theta(s) \end{bmatrix} = \begin{bmatrix} \dfrac{c_f s + k_f}{m} & \dfrac{c_r s + k_r}{m} \\ \dfrac{-l_f c_f s - l_f k_f}{I_p} & \dfrac{l_r c_r s + l_r k_r}{I_p} \end{bmatrix} \begin{bmatrix} Z_{f_0}(s) \\ Z_{r_0}(s) \end{bmatrix} \tag{2.19}$$

が得られる。ここで,行列の係数を

2.1 伝達関数

$$\begin{bmatrix} a_{11} & a_{12} \\ a_{21} & a_{22} \end{bmatrix} \begin{bmatrix} Z(s) \\ \theta(s) \end{bmatrix} = \begin{bmatrix} b_{11} & b_{12} \\ b_{21} & b_{22} \end{bmatrix} \begin{bmatrix} Z_{f_0}(s) \\ Z_{r_0}(s) \end{bmatrix} \quad (2.20)$$

と表現すると，z_{f_0}, z_{r_0} から z, θ への伝達関数は，つぎのようになる（図2.11）。

$$\begin{bmatrix} Z(s) \\ \theta(s) \end{bmatrix} = \frac{1}{a_{11}a_{22} - a_{12}a_{21}} \begin{bmatrix} a_{22}b_{11} - a_{21}b_{21} & a_{22}b_{12} - a_{21}b_{22} \\ -a_{12}b_{11} + a_{11}b_{21} & -a_{12}b_{12} + a_{11}b_{22} \end{bmatrix} \begin{bmatrix} Z_{f_0}(s) \\ Z_{r_0}(s) \end{bmatrix} \quad (2.21)$$

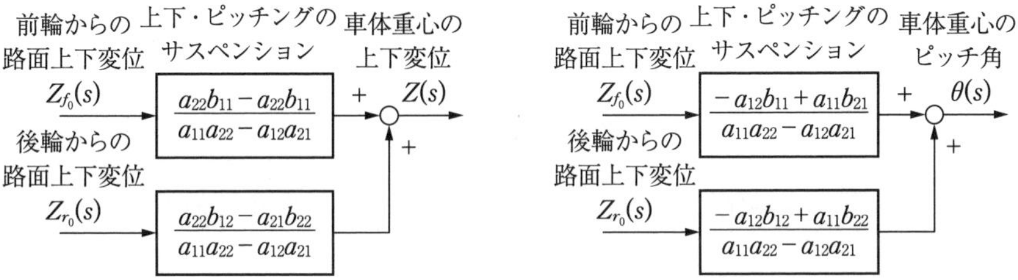

（a）車体重心上下変位の伝達関数　　（b）車体重心のピッチ角の伝達関数

図2.11 上下・ピッチングのサスペンションの伝達関数

■

例題 2.5***　図1.27 の自動車の横方向の運動モデルについて，操舵角 δ から横変位 y およびヨー角 ϕ までの各伝達関数 $G_1(s)$, $G_2(s)$ を求めよ。

【解答】　式 (1.39), (1.40) の運動方程式を整理すると，以下のようになる。

$$m\ddot{y} + \frac{2(C_f + C_r)}{V}\dot{y} + \frac{2(l_f C_f - l_r C_r)}{V}\dot{\phi} - 2(C_f + C_r)\phi = 2C_f \delta \quad (2.22)$$

$$\frac{2(l_f C_f - l_r C_r)}{V}\dot{y} + I\ddot{\phi} + \frac{2(l_f^2 C_f + l_r^2 C_r)}{V}\dot{\phi} - 2(l_f C_f - l_r C_r)\phi = 2l_f C_f \delta \quad (2.23)$$

ここで，両辺をラプラス変換すると以下の式を得る。

$$\begin{bmatrix} ms^2 + \dfrac{2(C_f + C_r)}{V}s & \dfrac{2(l_f C_f - l_r C_r)}{V}s - 2(C_f + C_r) \\ \dfrac{2(l_f C_f - l_r C_r)}{V}s & Is^2 + \dfrac{2(l_f^2 C_f + l_r^2 C_r)}{V}s - 2(l_f C_f - l_r C_r) \end{bmatrix} \begin{bmatrix} y(s) \\ \phi(s) \end{bmatrix}$$

$$= \begin{bmatrix} 2C_f \\ 2l_f C_f \end{bmatrix} \delta(s) \quad (2.24)$$

さらに，ホイールベースを $l=l_f+l_r$ とおき，左辺の $y(s)$, $\phi(s)$ について解くと，操舵角から横変位およびヨー角までの伝達関数はそれぞれ以下のようになる．

$$G_1(s) = \frac{y(s)}{\delta(s)}$$

$$= \frac{2IVC_f s^2 + 4C_f C_r l_r ls + 4VC_f C_r l}{s^2\left[mIVs^2 + \left\{2m(l_f^2 C_f + l_r^2 C_r) + 2I(C_f + C_r)\right\}s + \left\{4C_f C_r l^2/V - 2mV(l_f C_f - l_r C_r)\right\}\right]} \quad (2.25)$$

$$G_2(s) = \frac{\phi(s)}{\delta(s)}$$

$$= \frac{2mVl_f C_f s + 4C_f C_r l}{s\left[mIVs^2 + \left\{2m(l_f^2 C_f + l_r^2 C_r) + 2I(C_f + C_r)\right\}s + \left\{4C_f C_r l^2/V - 2mV(l_f C_f - l_r C_r)\right\}\right]} \quad (2.26)$$

■

例題 2.6* 図 1.29 の磁気浮上システムの磁石電流 Δi から，平衡点からの浮上高さ Δz までの伝達関数 $G(s)$ を求めよ．

解答 電磁石の平衡点からの運動は

$$m\Delta\ddot{z}(t) - K_z \Delta z(t) = K_i \Delta i(t) \quad (2.27)$$

である．上式の両辺をラプラス変換すると

$$(ms^2 - K_z)\Delta Z(s) = K_i \Delta I(s) \quad (2.28)$$

となるので，伝達関数は次式となる（図 2.12）．

$$G(s) = \frac{\Delta Z(s)}{\Delta I(s)} = \frac{K_i}{ms^2 - K_z} \quad (2.29)$$

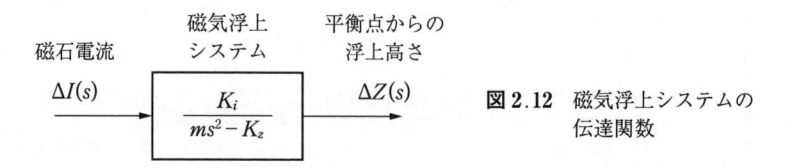

図 2.12 磁気浮上システムの伝達関数

■

例題 2.7** 高度 40 000 ft を 774 ft/s（マッハ 0.8）で飛行する Boeing 747 の縦の短周期運動は，次式で表現できる．

$$\Delta \dot{w} + 0.315\,1 \Delta w - 774 \Delta \dot{\theta} = -17.85 \Delta \delta_e$$
$$0.001\,026 \Delta w + \Delta \ddot{\theta} + 0.428\,5 \Delta \dot{\theta} = -1.158 \Delta \delta_e \quad (2.30)$$

このとき，昇降舵角の変化量 $\Delta \delta_e$ からピッチ角の変化量 $\Delta \theta$ までの伝達関数 $G(s)$ を求めよ．

[解答] 運動方程式 (2.30) をラプラス変換すると

$$\begin{bmatrix} s+0.315\,1 & -774s \\ 0.001\,026 & s^2+0.428\,5s \end{bmatrix} \begin{bmatrix} \Delta w \\ \Delta \theta \end{bmatrix} = \begin{bmatrix} -17.85 \\ -1.158 \end{bmatrix} \Delta \delta_e \quad (2.31)$$

となる．式 (2.31) を解いて，つぎの伝達関数を得る（**図 2.13**）．

$$G(s) = \frac{\Delta \theta(s)}{\Delta \delta_e(s)} = \frac{-1.16(s+0.3)}{s(s^2+0.75s+0.93)} \quad (2.32)$$

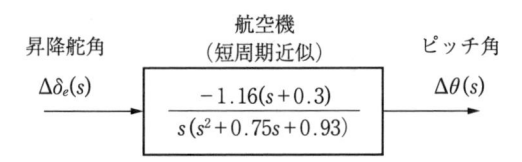

昇降舵角　　　　　航空機　　　　　ピッチ角
　　　　　　　（短周期近似）
$\Delta \delta_e(s)$ → $\boxed{\dfrac{-1.16(s+0.3)}{s(s^2+0.75s+0.93)}}$ → $\Delta \theta(s)$

図 2.13 航空機の伝達関数（短周期モード）

■

2.2 ブロック線図

2.2.1 ブロック線図とは

いろいろな特性をもつ要素が結合されたシステムについて，入力と出力の関係を視覚的にわかりやすく表現したものを**ブロック線図**（block diagram）という．

図 2.14 のブロック線図の読み方を説明する．伝達関数が $G(s)$ のブロックの前後では

34   2. 伝達関数によるシステムの表現

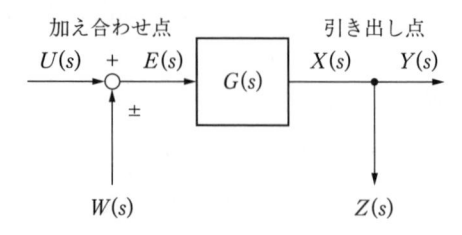

図 2.14 基本ブロック，加え合わせ点，引き出し点

$$X(s) = G(s)E(s) \tag{2.33}$$

となる。**加え合わせ点**（summing point）の前後の関係は

$$E(s) = U(s) \pm W(s) \tag{2.34}$$

となり，**引き出し点**（take-off point）の前後では

$$Y(s) = X(s) \tag{2.35}$$

$$Z(s) = X(s) \tag{2.36}$$

となる。なお，ブロック線図では加え合わせ点を"○"（白丸），引き出し点を"●"（黒丸）で表記し，加え合わせ点へ入力する信号の符号は重要な意味をもつので必ず記載しなければならない。

2.2.2 ブロックの結合

ブロック線図上の伝達ブロックは結合することで等価変換することができる。これにより基本形である1入力，1出力のブロック線図として表現することができる。ここでは代表的な結合について示す。

（1） 直列結合

図 2.15 のような結合を**直列結合**（series connection）という。
図より

$$Y(s) = G_2(s)X(s) \tag{2.37}$$

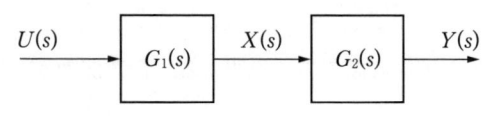

図 2.15 直列結合のブロック線図

$$X(s) = G_1(s)U(s) \tag{2.38}$$

となるので

$$Y(s) = G_1(s)G_2(s)U(s) \tag{2.39}$$

が得られる。したがって，直列結合の場合の伝達関数は

$$G(s) = G_1(s)G_2(s) \tag{2.40}$$

となる（図 2.16）。

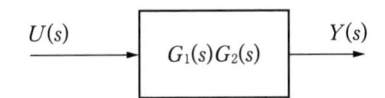

図 2.16 直列結合後のブロック線図と伝達関数

（2） 並列結合

図 2.17 のような結合を**並列結合**（parallel connection）という。

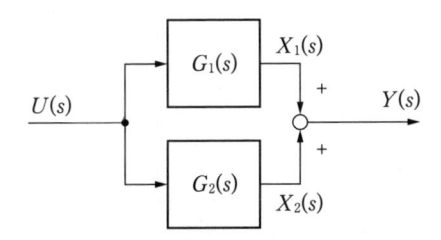

図 2.17 並列結合のブロック線図

図より

$$X_1(s) = G_1(s)U(s) \tag{2.41}$$

$$X_2(s) = G_2(s)U(s) \tag{2.42}$$

$$Y(s) = X_1(s) + X_2(s) \tag{2.43}$$

となるので

$$Y(s) = \bigl(G_1(s) + G_2(s)\bigr)U(s) \tag{2.44}$$

が得られる。したがって，並列結合の場合の伝達関数は

$$G(s) = G_1(s) + G_2(s) \tag{2.45}$$

U(s) → [$G_1(s) + G_2(s)$] → Y(s)

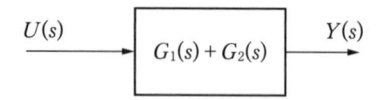

図 2.18　並列結合後のブロック線図と伝達関数

となる（図 2.18）。

（3）フィードバック結合

図 2.19 のような結合を**フィードバック結合**（feedback connection）という。ここで，$Y(s)$ から $G_2(s)$ を通して戻っている信号（フィードバック信号）について，加え合わせ点での符号が負になっている。これは，一般的な制御が，目標となる状態に近づけるためには，目標との偏差に対して反対方向に制御をする必要があるためであり，このことを**ネガティブフィードバック**（negative feedback）という。

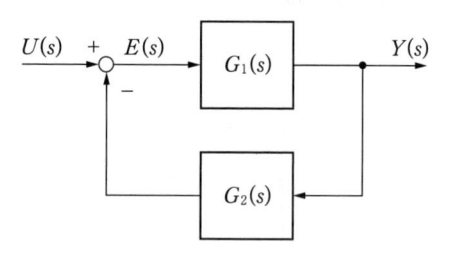

図 2.19　フィードバック結合のブロック線図

一方，信号を正でフィードバックする場合を**ポジティブフィードバック**（positive feedback）という。

図より

$$Y(s) = G_1(s)E(s) \tag{2.46}$$

$$E(s) = U(s) - G_2(s)Y(s) \tag{2.47}$$

が得られる。これらから $E(s)$ を消去すると

$$Y(s) = \frac{G_1(s)}{1 + G_1(s)G_2(s)} U(s) \tag{2.48}$$

となる。したがって，フィードバック結合の場合の伝達関数は

$$G(s) = \frac{G_1(s)}{1 + G_1(s)G_2(s)} \tag{2.49}$$

となる（図2.20）。

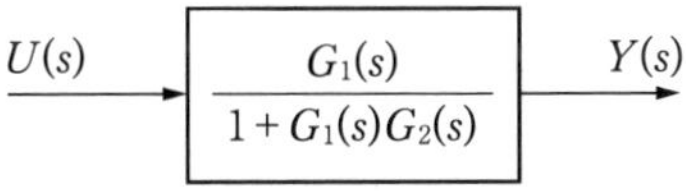

図2.20 フィードバック結合後のブロック線図と伝達関数

> **例題 2.8*** つぎの二つのシステムの（1）直列結合,（2）並列結合,（3）フィードバック結合の伝達関数を求めよ。
> $$G_1(s) = \frac{1}{s+1}, \quad G_2(s) = \frac{s+3}{s+2}$$

解答

（1）直列結合

直列結合後の伝達関数は，式(2.40)から

$$G(s) = G_1(s)G_2(s) = \frac{1}{s+1} \times \frac{s+3}{s+2} = \frac{s+3}{s^2 + 3s + 2} \tag{2.50}$$

となる。

（2）並列結合

直列結合後の伝達関数は，式(2.45)から

$$G(s) = G_1(s) + G_2(s) = \frac{1}{s+1} + \frac{s+3}{s+2} = \frac{s^2 + 5s + 5}{s^2 + 3s + 2} \tag{2.51}$$

となる。

（3）フィードバック結合

フィードバック結合後の伝達関数は，式(2.49)から

$$G(s) = \frac{G_1(s)}{1 + G_1(s)G_2(s)} = \frac{\frac{1}{s+1}}{1 + \frac{1}{s+1} \times \frac{s+3}{s+2}} = \frac{s+2}{s^2 + 4s + 5} \tag{2.52}$$

となる。■

このほかのブロックの結合を含め，ブロック線図の等価変換について**表2.1**に一覧を示す。

表 2.1 ブロック線図の等価変換

	変換前	変換後
直列結合	$U(s) \to G_1(s) \to X(s) \to G_2(s) \to Y(s)$	$U(s) \to G_1(s)G_2(s) \to Y(s)$
並列結合	$U(s)$ を $G_1(s)$ と $G_2(s)$ に分岐し加算 → $Y(s)$	$U(s) \to G_1(s)+G_2(s) \to Y(s)$
ネガティブフィードバック結合	$U(s) \to +/- \to E(s) \to G_1(s) \to Y(s)$, 帰還 $G_2(s)$	$U(s) \to \dfrac{G_1(s)}{1+G_1(s)G_2(s)} \to Y(s)$
ポジティブフィードバック結合	$U(s) \to +/+ \to E(s) \to G_1(s) \to Y(s)$, 帰還 $G_2(s)$	$U(s) \to \dfrac{G_1(s)}{1-G_1(s)G_2(s)} \to Y(s)$
伝達要素の交換	$U(s) \to G_1(s) \to X(s) \to G_2(s) \to Y(s)$	$U(s) \to G_2(s) \to G_1(s) \to Y(s)$
加え合わせ点の交換	$X(s) \to X(s)+Y(s) \to X(s)+Y(s)+Z(s)$（$Y(s), Z(s)$ 加算）	$X(s) \to X(s)+Z(s) \to X(s)+Y(s)+Z(s)$（$Z(s), Y(s)$ 加算）
引き出し点の交換	$X(s)$ を先に分岐、その後再度分岐	$X(s)$ の分岐順序を入れ替え
加え合わせ点を伝達関数の前へ	$X(s) \to G(s) \to +\ Y(s) \to Z(s)$	$X(s) \to + \to G(s) \to Z(s)$, $Y(s) \to \dfrac{1}{G(s)}$
引き出し点を伝達関数の前へ	$X(s) \to G(s) \to Y(s)$（$Y(s)$ を分岐）	$X(s)$ を分岐し各々 $G(s) \to Y(s)$

2.2 ブロック線図

例題 2.9* 図 2.6 で表される自動車の前後方向のモデルのブロック線図を求めよ。

[解答] 自動車の前後方向の運動方程式は

$$m\dot{v} = f_x - f_R = f_x - cv \tag{2.53}$$

であった。この方程式を加速度 $\dot{v}$ について解くと

$$\dot{v} = \frac{1}{m}(f_x - cv) \tag{2.54}$$

となる。両辺をラプラス変換すると

$$sV(s) = \frac{1}{m}(F_x(s) - cV(s)) \tag{2.55}$$

となる。ここで，左辺の $sV(s)$ は加速度のラプラス領域における表現であることに注意する。速度 V は加速度 sV を時間で 1 回積分して求められる。ラプラス領域では，積分することは $1/s$ をかけることに対応する[†]。すなわち

$$V(s) = sV(s) \times \frac{1}{s} \tag{2.56}$$

となる。したがって，式 (2.55) をブロック線図で示すと，**図 2.21** のようになる。

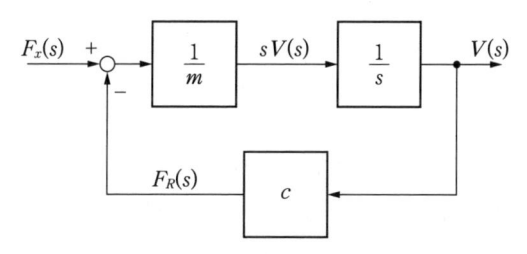

図 2.21 自動車の前後方向のモデルのブロック線図

例題 2.10* ブロック線図の結合則を用いて，図 2.21 における駆動力 $F_x(s)$ から速度 $V(s)$ までの伝達関数 $G(s)$ を求めよ。

[†] 伝達関数が $1/s$ となる要素を積分要素という。

解答 図2.21のブロック線図の上部を直列結合すると，**図2.22**のようになる．

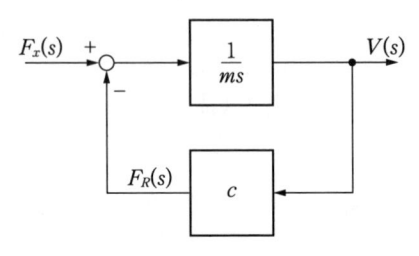

図2.22 直列結合後のブロック線図

つぎに，$1/ms$ を $G_1(s)$，c を $G_2(s)$ とおくと，フィードバック結合後の伝達関数は

$$G(s) = \frac{V(s)}{F_x(s)} = \frac{G_1(s)}{1+G_1(s)G_2(s)} = \frac{\dfrac{1}{ms}}{1+\dfrac{1}{ms}c} = \frac{1}{ms+c} \tag{2.57}$$

となる（**図2.23**）．これは，例題2.1で求めた伝達関数に一致していることがわかる．

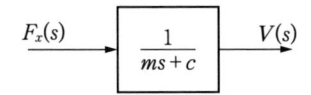

図2.23 フィードバック結合後のブロック線図

■

例題 2.11[*]　航空機の舵面を制御する電動サーボアクチュエータのブロック線図は，**図2.24**のようになる．この場合の制御電圧 $V_c(s)$ から回転角度 $\delta_f(s)$ までの伝達関数 $G(s)$ を求めよ．

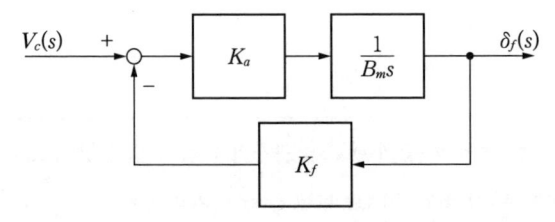

図2.24 電動サーボアクチュエータのブロック線図

[解答] 図 2.24 のブロック線図の上部を直列結合し,その後フィードバック結合することで,伝達関数は

$$G(s) = \frac{\delta_f(s)}{V_c(s)} = \frac{\dfrac{K_a}{B_m s}}{1 + \dfrac{K_a}{B_m s} \times K_f} = \frac{K_a}{B_m s + K_a K_f} \tag{2.58}$$

となる。　■

例題 2.12**　1 自由度サスペンションモデルをブロック線図で表すと,**図 2.25** のようになる。$Z_0(s)$ から $Z(s)$ までの伝達関数 $G(s)$ を求めよ。

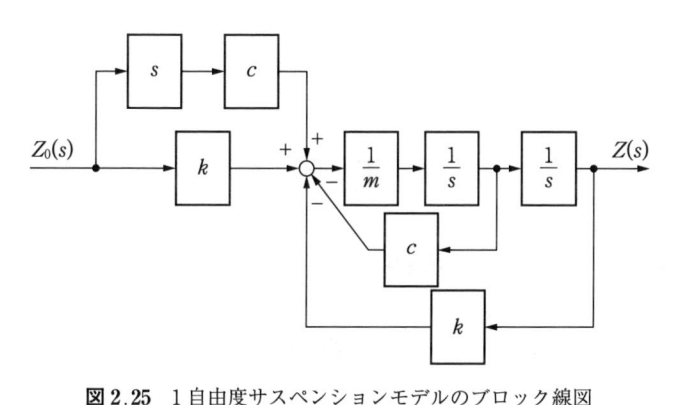

図 2.25　1 自由度サスペンションモデルのブロック線図

[解答] 図 2.26 に示すように,一つ目のブロックの出力を $X(s)$ とすると,$Z_0(s)$ から $X(s)$ までは並列結合,$X(s)$ から $sZ(s)$ まではフィードバック結合で,つぎの関係が成り立つ。

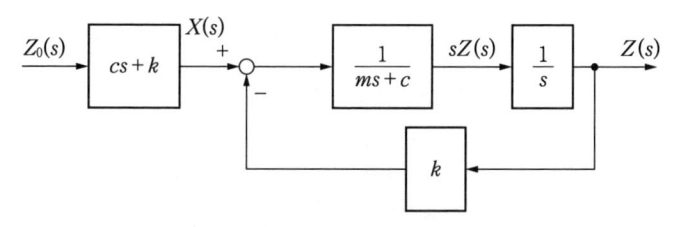

図 2.26　図 2.25 の簡単化

```
Z₀(s) → [ cs+k ] → X(s) → [ 1/(ms²+cs+k) ] → Z(s)
```

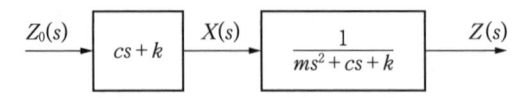

図 2.27 図 2.26 の簡単化

```
Z₀(s) → [ (cs+k)/(ms²+cs+k) ] → Z(s)
```

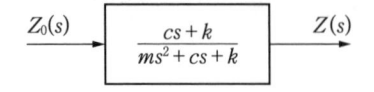

図 2.28 図 2.27 の簡単化

また，$X(s)$ から $Z(s)$ までのフィードバック結合より，**図 2.27** の関係が成り立つ．さらに，直列結合により，**図 2.28** の関係が成り立つ．
以上より1自由度サスペンションモデルの伝達関数は

$$G(s) = \frac{Z(s)}{Z_0(s)} = \frac{cs+k}{ms^2+cs+k}$$

となり，例題 2.2 で求めた伝達関数と一致する． ■

章 末 問 題

2.1* 図 1.16 の振り子の微小運動を考える．制御モーメント τ から振り子の回転角度 θ までの伝達関数 $G(s)$ を求めよ．

2.2* 伝達関数が，$G(s) = 1/(s^2+1)$ で表現されるシステムがある．このシステムはどのような運動方程式を表しているのか述べよ．

2.3* 問題図 2.1 のブロック線図において，$X(s)$ から $Y(s)$ までの伝達関数をブロック線図の等価変換を用いて求めよ．

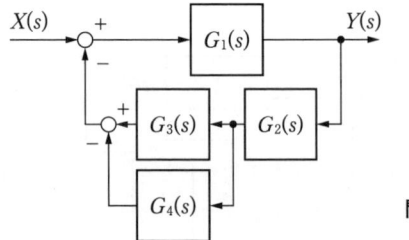

問題図 2.1

章末問題

2.4* 問題図 2.2 のブロック線図において，$X(s)$ から $Y(s)$ までの伝達関数をブロック線図の等価交換を用いて求めよ。

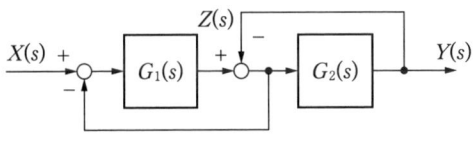

問題図 2.2

2.5** 問題図 2.3 に示すブロック線図は1自由度サスペンションモデルのブロック線図である。$Z_0(s)$ から $Z(s)$ までの伝達関数をブロック線図の等価変換を用いて求めよ。

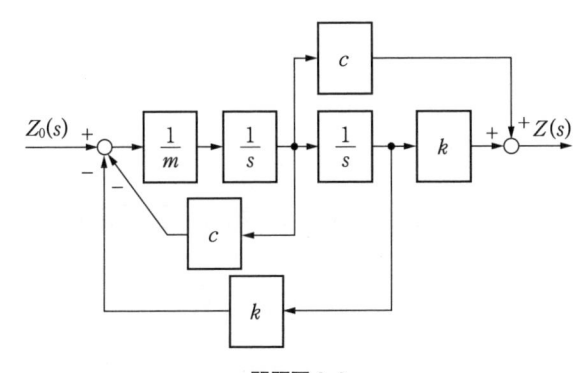

問題図 2.3

2.6*** 式 (1.19)，(1.20) の運動方程式より上下 2 自由度サスペンションのブロック線図を求めよ。

2.7*** 式 (1.29)，(1.30) の運動方程式より上下・ピッチングの 2 自由度サスペンションのブロック線図を求めよ。

2.8*** 式 (1.39)，(1.40) で示した横方向とヨー方向の運動方程式から，等価二輪モデルのブロック線図を描け。

2.9** 式 (1.58) の運動方程式より，航空機の縦の短周期モードのブロック線図を求めよ。

3 時間応答

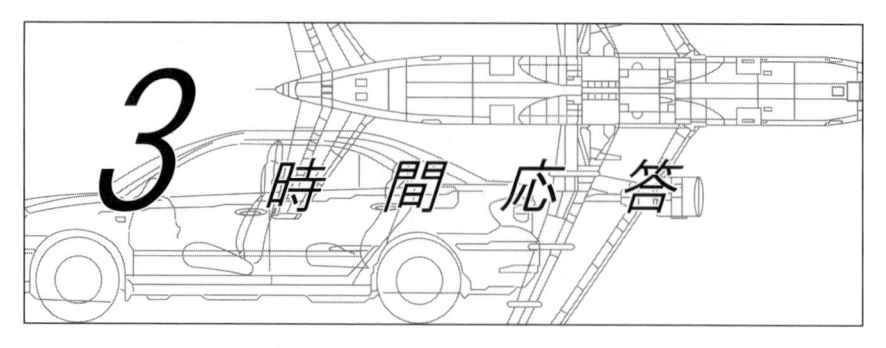

システムに対して何らかの入力が加わった際の，システムの出力（状態）の時間変化を時間応答という。ここでは，前章で学んだ伝達関数を用いて，入力が加わった場合のシステムの時間応答を求める方法について説明する。また，時間応答の特性を決める伝達関数の構造について述べる。さらに，伝達関数を用いることで，時間応答を求めなくてもシステムの出力が収束するか発散するかを判別できる安定性の判別方法について述べ，極や零点を用いて伝達関数と時間応答の関係についても説明する。

3.1 伝達関数を用いた時間応答の求め方

この節では，図 3.1 に示すように伝達関数を用いて応答を求める方法を説明する。応答を求める際には，まずどのような入力を用いるかを決める必要がある。時間領域での入力 $u(t)$ が決まれば，それをラプラス変換して，$U(s) = \mathcal{L}[u(t)]$ が求まる。代表的な関数については付録，表 A.1 に示すようなラプラス変換表が準備されているので，これを用いれば便利である。

ラプラス領域における応答は

$$Y(s) = G(s)U(s) \tag{3.1}$$

として求めることができる。時間領域での応答 $y(t)$ は，ラプラス領域での応答 $Y(s)$ を逆ラプラス変換して，つぎのように求めることができる。

$$y(t) = \mathcal{L}^{-1}[Y(s)] \tag{3.2}$$

なお，逆ラプラス変換を求める際にもラプラス変換表を利用できるが，ラプラ

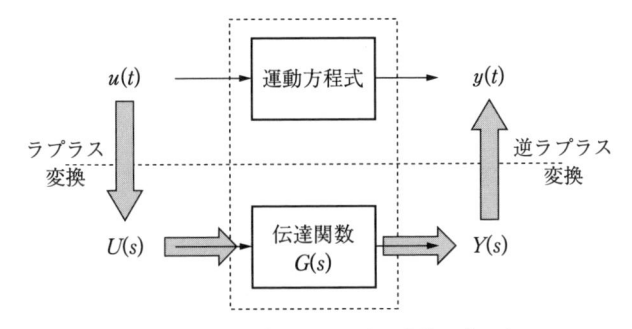

図 3.1 伝達関数を用いた時間応答の求め方

ス領域における応答を，ラプラス変換表を利用できるような形に変形しておくことが重要である。

3.2 極 と 零 点

伝達関数が

$$G(s) = \frac{N(s)}{D(s)} = \frac{b_m s^m + b_{m-1} s^{m-1} + \cdots + b_1 s + b_0}{s^n + a_{n-1} s^{n-1} + a_{n-2} s^{n-2} + \cdots + a_1 s + a_0} \tag{3.3}$$

となるシステムを考える。ただし，a, b は係数である。この伝達関数は

$$G(s) = \frac{N(s)}{D(s)} = \frac{K(s - z_1)(s - z_2)\cdots(s - z_m)}{(s - p_1)(s - p_2)\cdots(s - p_n)} \tag{3.4}$$

と書くことができ，これを**極・零・ゲイン表現**（pole-zero-gain form）と呼ぶ。この伝達関数の分母多項式を特性多項式といい，分母の多項式を 0 とおいた

$$s^n + a_{n-1} s^{n-1} + a_{n-2} s^{n-2} + \cdots + a_1 s + a_0 = (s - p_1)(s - p_2)\cdots(s - p_n) = 0 \tag{3.5}$$

を**特性方程式**（characteristic equation）という。特性方程式の根を**極**（pole），$N(s) = 0$ となる s を**零点**（zero），K を**ゲイン**（gain）と呼ぶ。システムの特性はこれらの極と零点によって決定され，これらは一般的に複素数となる。また，伝達関数の分母の多項式 $D(s)$ の次数が，分子の多項式 $N(s)$ の次数より大きいか等しい場合には，伝達関数 $G(s)$ は**プロパー**（proper）であるという。

例題 3.1* 伝達関数が

$$G(s) = \frac{4s+12}{s^2+3s+2} \tag{3.6}$$

で与えられる。極と零点を求め，複素平面上に表示せよ。ただし，極は×印，零点は○印で示せ。

【解答】 伝達関数を，極・零・ゲイン表現に直すと

$$G(s) = \frac{4s+12}{s^2+3s+2} = \frac{4(s+3)}{(s+1)(s+2)} \tag{3.7}$$

であるから，極は-1，-2，零点は-3である。複素平面上に，極と零点を表示すると**図 3.2**のようになる。

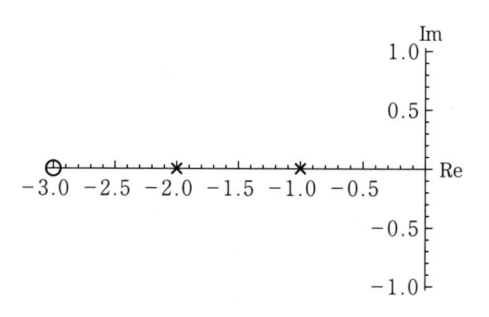

図 3.2

一般に，極と零点は複素数であるから，複素平面上に表示する場合には，実数であっても虚数部が0の複素数とみなす必要がある。■

例題 3.2*

つぎのシステムの極と零点を求め，複素平面上に表示せよ。

（1） 直列結合（**図 3.3**）

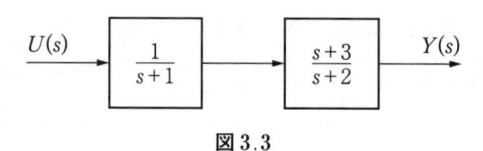

図 3.3

3.2 極 と 零 点

（2） 並列結合（**図 3.4**）

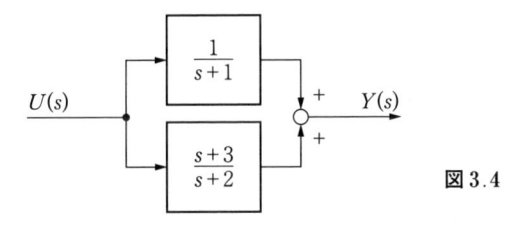

図 3.4

（3） フィードバック結合（**図 3.5**）

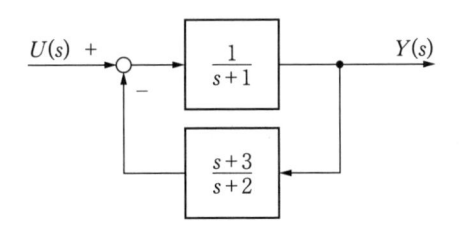

図 3.5

|解答|

（1） 直列結合

結合後の伝達関数は

$$G(s) = \frac{1}{s+1} \times \frac{s+3}{s+2} = \frac{s+3}{(s+1)(s+2)} \tag{3.8}$$

となる。したがって，伝達関数の極は-1，-2となり，零点は-3となる。

（2） 並列結合

結合後の伝達関数は

$$G(s) = \frac{1}{s+1} + \frac{s+3}{s+2} = \frac{s^2+5s+5}{(s+1)(s+2)} \tag{3.9}$$

となる。したがって，伝達関数の極は-1，-2となり，零点は-3.62，-1.38となる。

（3） フィードバック結合

結合後の伝達関数は

$$G(s) = \frac{\dfrac{1}{s+1}}{1 + \dfrac{1}{s+1} \times \dfrac{s+3}{s+2}} = \frac{s+2}{s^2+4s+5} \tag{3.10}$$

となる。したがって，伝達関数の極は$-2 \pm j$となり，零点は-2となる。

極と零点を表示すると，**図 3.6**のようになる。

48　3. 時間応答

(a) 直列結合

(b) 並列結合

(c) フィードバック結合

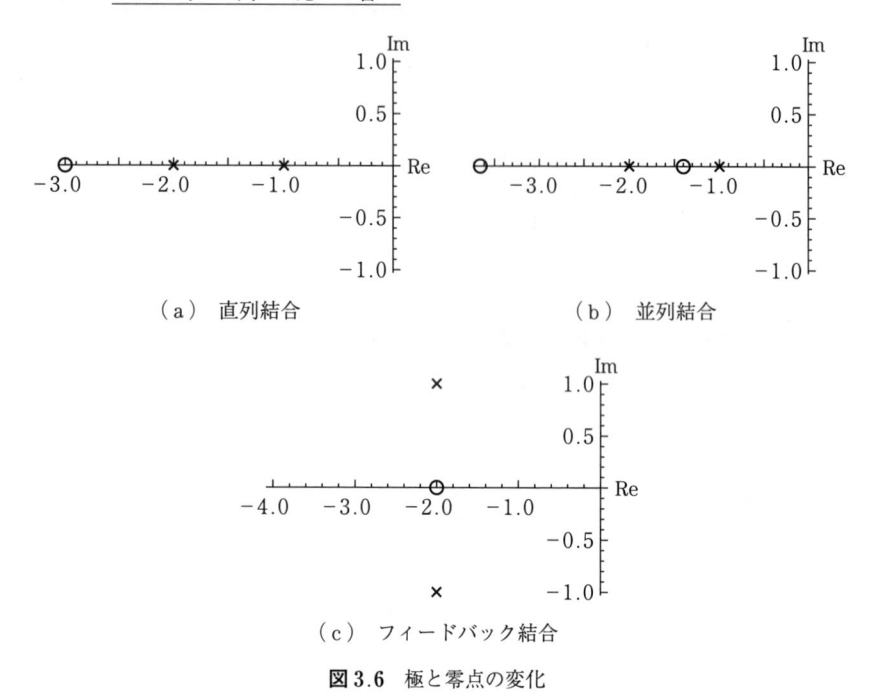

図 3.6　極と零点の変化

　この例からわかるように，直列結合や並列結合では，結合する前の各ブロックの伝達関数の極は，結合しても移動することがない。一方，フィードバック結合では，結合する前の各ブロックの伝達関数の極を移動させることができる。

3.3　時間応答

3.3.1　インパルス応答

　インパルス応答（impulse response）とは，物体をハンマーでたたくように瞬間的に大きい入力（インパルス入力）を加えたときの応答のことをいう。インパルス応答を求める際に用いられる入力を**単位インパルス関数**（unit impulse function）と呼び，**図 3.7** に示すデルタ関数として次式で定義される。

3.3 時間応答

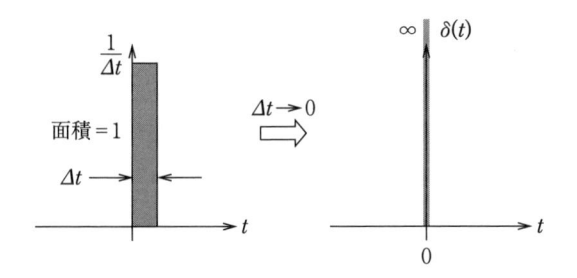

図 3.7 デルタ関数

$$\delta(t) = \begin{cases} \infty & t = 0 \\ 0 & t \neq 0 \end{cases} \tag{3.11}$$

デルタ関数（delta function）のラプラス変換は

$$\mathcal{L}[\delta(t)] = 1 \tag{3.12}$$

となるので，$u(t) = \delta(t)$ よりラプラス領域における応答は

$$Y(s) = G(s)U(s) = G(s) \times 1 = G(s) \tag{3.13}$$

となり，インパルス応答はつぎのようにして計算することができる（**図 3.8**）。

$$y(t) = \mathcal{L}^{-1}[G(s)] \tag{3.14}$$

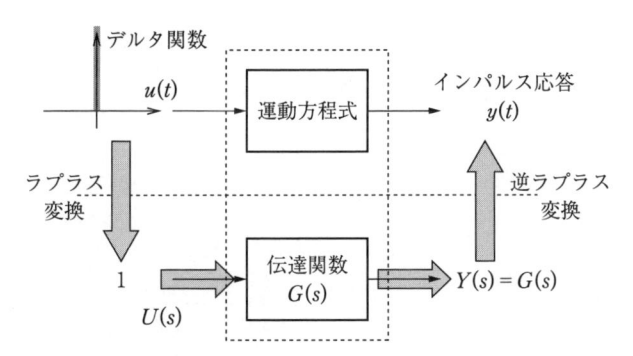

図 3.8 インパルス応答の計算方法

例題 3.3[*]　伝達関数が

$$G(s) = \frac{4s + 12}{s^2 + 3s + 2} \tag{3.15}$$

50　3. 時　間　応　答

で与えられる場合のインパルス応答を求めよ．また，極と零点を複素平面上に表示せよ．

解答　伝達関数の極・零・ゲイン表現は

$$G(s) = \frac{4s+12}{s^2+3s+2} = \frac{4(s+3)}{(s+1)(s+2)} \tag{3.16}$$

である．時間領域ではデルタ関数 $\delta(t)$ で表現されるインパルス入力は，ラプラス領域では1と表現できる．したがって，応答 $Y(s)$ は

$$Y(s) = G(s)U(s) = \frac{4(s+3)}{(s+1)(s+2)} \times 1 = \frac{4(s+3)}{(s+1)(s+2)} \tag{3.17}$$

となる．これを部分分数に展開すると

$$Y(s) = \frac{A}{s+1} + \frac{B}{s+2} \tag{3.18}$$

となる．ここで係数 A, B は以下のように決定できる．

$$A = \lim_{s \to -1}(s+1)\frac{4(s+3)}{(s+1)(s+2)} = 8 \tag{3.19}$$

$$B = \lim_{s \to -2}(s+2)\frac{4(s+3)}{(s+1)(s+2)} = -4 \tag{3.20}$$

したがって，式 (3.18) を逆ラプラス変換すると，インパルス応答として

$$y(t) = 8e^{-t} - 4e^{-2t} \tag{3.21}$$

が得られる．

図 3.9 にインパルス応答と，伝達関数の極と零点を示す．

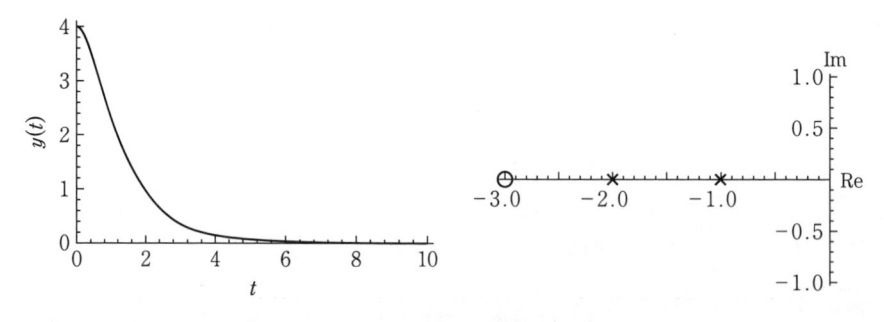

図 3.9　インパルス応答と伝達関数の極と零点

さて，得られた応答と極を比較すると，極-1によってe^{-t}が，また，極-2によってe^{-2t}が生成されていることがわかる。すなわち，極と指数関数の指数部が対応していることがわかり，過渡応答を決定している。これは，次項で述べるステップ応答においても同様である。

3.3.2 ステップ応答

ステップ応答（step response）は，ある時刻から一定の入力を加え続けた場合の応答である。ステップ応答では，**単位ステップ関数**（unit step function）を入力として使用する。

単位ステップ関数は，図 3.10 に示すように次式で表される。

$$u_s(t) = \begin{cases} 1 & t \geq 0 \\ 0 & t < 0 \end{cases} \tag{3.22}$$

単位ステップ関数のラプラス変換は

$$\mathcal{L}[u_s(t)] = \frac{1}{s} \tag{3.23}$$

となるので，$u(t) = u_s(t)$ よりラプラス領域における応答は

$$Y(s) = G(s)U(s) = G(s) \times \frac{1}{s} = \frac{G(s)}{s} \tag{3.24}$$

となり，ステップ応答はつぎのようにして計算することができる（図 3.11）。

$$y(t) = \mathcal{L}^{-1}\left[\frac{G(s)}{s}\right] \tag{3.25}$$

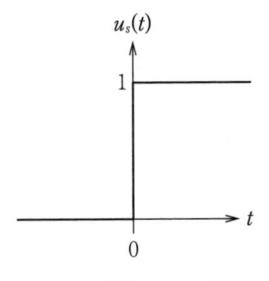

図 3.10 単位ステップ関数

3. 時間応答

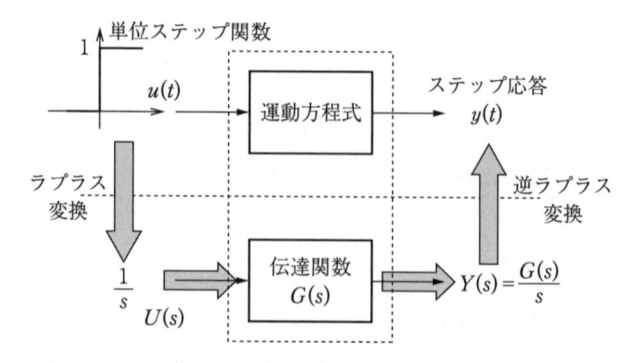

図 3.11　ステップ応答の計算方法

例題 3.4* 伝達関数が

$$G(s) = \frac{4s+12}{s^2+3s+2} \tag{3.26}$$

で与えられる場合のステップ応答を求めよ。

[解答] 伝達関数の極・零・ゲイン表現は

$$G(s) = \frac{4s+12}{s^2+3s+2} = \frac{4(s+3)}{(s+1)(s+2)} \tag{3.27}$$

である。単位ステップ関数は，ラプラス領域では $1/s$ と表現できる。したがって，応答 $Y(s)$ は

$$Y(s) = G(s)U(s) = \frac{4(s+3)}{(s+1)(s+2)} \times \frac{1}{s} = \frac{4(s+3)}{s(s+1)(s+2)} \tag{3.28}$$

となる。これを部分分数に展開すると

$$Y(s) = \frac{A}{s} + \frac{B}{s+1} + \frac{C}{s+2} \tag{3.29}$$

となる。ここで係数 A, B, C は以下のように決定できる。

$$A = \lim_{s \to 0} s \frac{4(s+3)}{s(s+1)(s+2)} = 6 \tag{3.30}$$

$$B = \lim_{s \to -1} (s+1) \frac{4(s+3)}{s(s+1)(s+2)} = -8 \tag{3.31}$$

$$C = \lim_{s \to -2} (s+2) \frac{4(s+3)}{s(s+1)(s+2)} = 2 \tag{3.32}$$

したがって，式 (3.29) を逆ラプラス変換すると，ステップ応答として

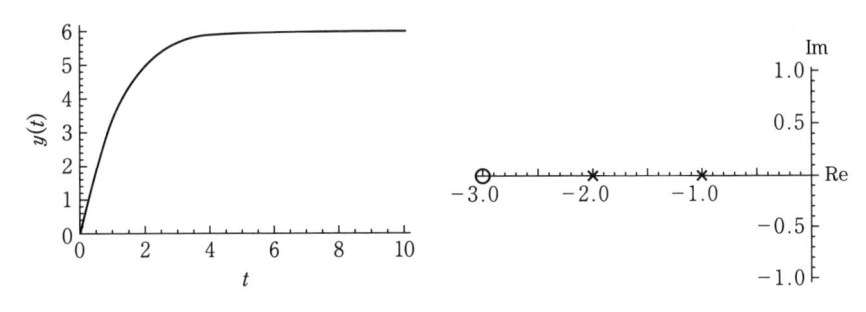

図 3.12　ステップ応答と伝達関数の極と零点

$$y(t) = 6 - 8e^{-t} + 2e^{-2t} \tag{3.33}$$

が得られる。

図 3.12 にステップ応答と，伝達関数の極と零点を示す。　　■

3.4　伝　達　要　素

3.4.1　1 次遅れ要素

伝達関数が

$$G(s) = \frac{1}{Ts+1} \tag{3.34}$$

で表現される伝達関数を **1 次遅れ要素**（first-order lag element）と呼ぶ（図 3.13）[†]。ここで，T は正の定数であり，**時定数**（time constant）と呼ばれる。

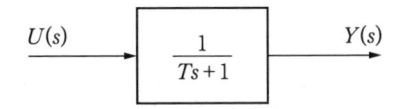

図 3.13　1 次遅れ要素

> **例題 3.5**[*]　1 次遅れ要素のステップ応答を求めよ。

---

† 　$G(s) = K/(Ts+1)$ を 1 次遅れ要素と呼ぶ場合もある。

[解答] 単位ステップ関数は，ラプラス領域（s領域）では$1/s$と表現されるので，図3.11より

$$Y(s) = \frac{1}{Ts+1} \times \frac{1}{s} = \frac{1}{s(Ts+1)} \tag{3.35}$$

となる。これを部分分数に展開すると

$$Y(s) = \frac{A}{s} + \frac{B}{Ts+1} \tag{3.36}$$

となる。

係数 A, B は

$$A = \lim_{s \to 0}\left\{s \times \frac{1}{s(Ts+1)}\right\} = 1 \tag{3.37}$$

$$B = \lim_{s \to -1/T}\left\{(Ts+1) \times \frac{1}{s(Ts+1)}\right\} = -T \tag{3.38}$$

となる。したがって

$$Y(s) = \frac{1}{s} - \frac{T}{Ts+1} = \frac{1}{s} - \frac{1}{s+1/T} \tag{3.39}$$

となる。これを逆ラプラス変換すると

$$y(t) = 1 - e^{-t/T} \tag{3.40}$$

となる。 ■

例題 3.6★★† $T = 0.2, 1.0, 1.5$ に対する1次遅れ要素のステップ応答の概形と極を表示せよ。

[解答] 1次遅れ要素の伝達関数は

$$G(s) = \frac{1}{Ts+1} \tag{3.34}$$

である。伝達関数の極は，分母の多項式 $Ts+1=0$ の点であるので，$-1/T$ が1次遅れ要素の極である。なお，1次遅れ要素の極の原点からの距離と時定数は逆数の関係にある。また，式(3.40)より，それぞれの時定数に対するステップ応答および極が**図3.14**のように求められる。1次遅れ要素の極の値は実部のみであり，時間応答は振動的ではない。時定数が大きくなると，極の値は虚軸に近くなり，最終値に到達するまでに時間がかかるようになる。逆に，時定数が小さいと最終値への収束が早い。

---

† ★は MATLAB，Mathematica などの利用の推奨を示す。

3.4 伝達要素　55

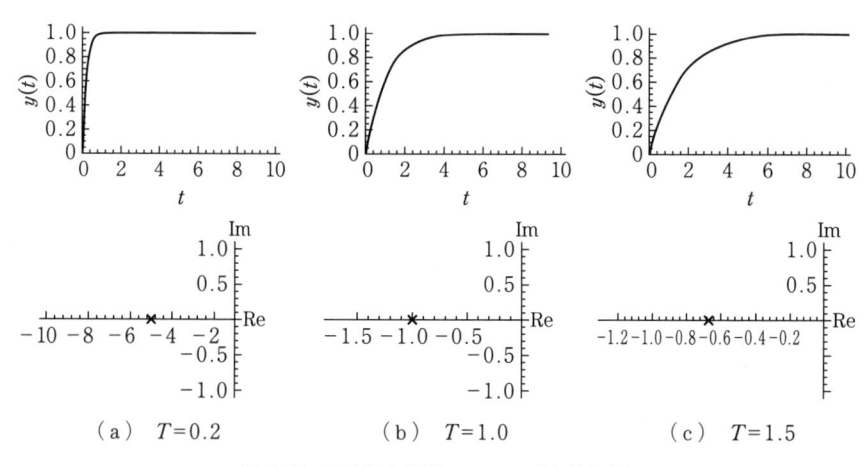

図3.14 1次遅れ要素のステップ応答と極

図3.15は時定数とステップ応答の関係を立体的に表示したものである。図3.16に1次遅れ要素の時定数について示す。時定数は，最終値の63.2%の値に到達するまでの時間を表している。$t>3T$となれば，応答は95%以上に到達し，ほぼ過渡応答は終了したとみなすことができる。

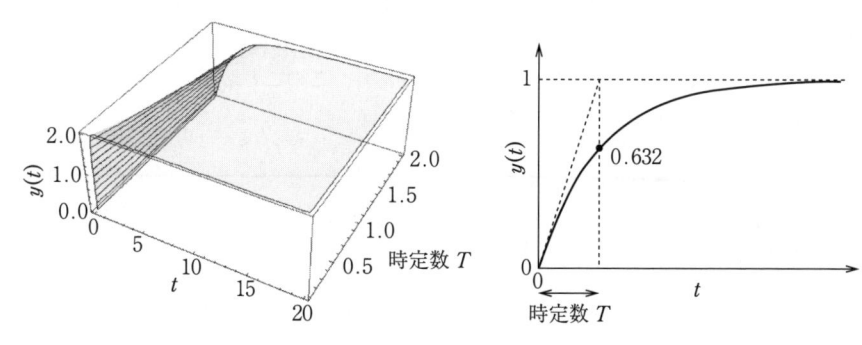

図3.15 1次遅れ要素のステップ応答と時定数の関係

図3.16 1次遅れ要素のステップ応答と時定数

56   3. 時 間 応 答

例題 3.7*★　例題 2.1 でとりあげた自動車の前後方向の運動について考える。質量 $m=1\,000$ kg の自動車に，駆動力がステップ状に $2\,000$ N 加わった場合の速度の応答を描け。ただし，減衰係数は $c=100$ N s/m とする。また，極の位置を表示せよ。

[解答]　駆動力から速度までの伝達関数は，つぎのように書くことができる。

$$G(s) = \frac{V(s)}{F_x(s)} = \frac{1}{ms+c} = \frac{K}{Ts+1} \tag{3.41}$$

ここで，$K=1/c$，$T=m/c$ である。

伝達関数 $G(s)$ は 1 次遅れ要素に比例ゲイン K がかかっているので，速度のステップ応答は，式 (3.40) からつぎのように求めることができる。

$$v(t) = K(1-e^{-t/T}) \tag{3.42}$$

任意の駆動力 f_{x_0} がステップ入力された場合には，速度は

$$v(t) = f_{x_0} K(1-e^{-t/T}) \tag{3.43}$$

となる。$m=1\,000$ kg，$f_{x_0}=2\,000$ N，$c=100$ N s/m より，$K=1/c=1/100$，$T=m/c=10$ s となるので，自動車の速度はつぎのようになる。

$$v(t) = 20(1-e^{-0.1t}) \tag{3.44}$$

自動車の速度の変化を図 3.17 に示す。速度の定常値 $f_{x_0}K$ は $2\,000 \times 1/100 = 20$ m/s（72 km/h）となる。時定数 T は $1\,000/100 = 10$ s となり，10 s 付近で $20 \times 0.632 = 12.6$ m/s 程度，30 s 付近で，$20 \times 0.95 = 19$ m/s 程度の値をとる。時定数は，原点における接線と定常値の交わる時刻であり，このことからスタート時（原点）の加速度は，$20/10 = 2$ m/s^2 であることがわかる。

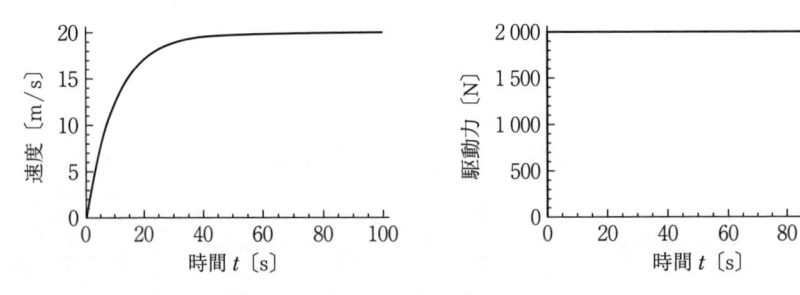

図 3.17　駆動力に対する速度のステップ応答

3.4 伝 達 要 素　　57

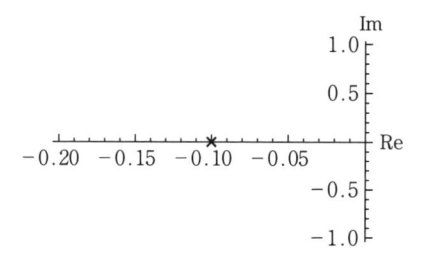

図 3.18　前後方向モデルの極

また，伝達関数の極を図 3.18 に示す。この図から極は，$-1/T = -0.1$ にあることがわかる。■

3.4.2　2 次遅れ要素

質量・ばね・ダンパ系の運動方程式は

$$m\ddot{y} + c\dot{y} + ky = u \tag{3.45}$$

となる。この場合の伝達関数は

$$Y(s) = \frac{1}{ms^2 + cs + k} U(s) \tag{3.46}$$

となる。ここで

$$\omega_n = \sqrt{\frac{k}{m}} \tag{3.47}$$

$$\zeta = \frac{c}{2\sqrt{mk}} \tag{3.48}$$

で定義される**固有角周波数**（natural angular frequency）ω_n，**減衰比**（damping ratio）ζ を用いると，つぎの形の伝達関数が得られる。

$$\frac{Y(s)}{U(s)} = \frac{K\omega_n^2}{s^2 + 2\zeta\omega_n s + \omega_n^2} \tag{3.49}$$

ただし，$K = 1/k$ である。ここで，伝達関数

$$G(s) = \frac{\omega_n^2}{s^2 + 2\zeta\omega_n s + \omega_n^2} \tag{3.50}$$

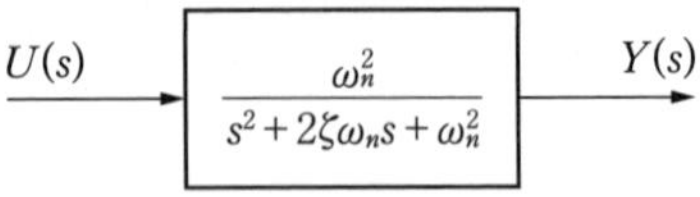

3. 時間応答

$$U(s) \rightarrow \boxed{\frac{\omega_n^2}{s^2 + 2\zeta\omega_n s + \omega_n^2}} \rightarrow Y(s)$$

図 3.19 2次遅れ要素

を，**2次遅れ要素**（second-order lag element）と呼ぶ（**図 3.19**）[†]。

例題 3.8* 2次遅れ要素のステップ応答を求めよ。

[解答] ラプラス領域におけるステップ入力に対する出力 $Y(s)$ は

$$Y(s) = \frac{\omega_n^2}{s^2 + 2\zeta\omega_n s + \omega_n^2} \times \frac{1}{s} = \frac{\omega_n^2}{s(s^2 + 2\zeta\omega_n s + \omega_n^2)} \tag{3.51}$$

となる。二つの異なる2次遅れ要素の極（特性方程式 $s^2 + 2\zeta\omega_n s + \omega_n^2 = 0$ の根）を p_1, p_2 とすると，出力 $Y(s)$ はつぎのように表現できる。

$$Y(s) = \frac{\omega_n^2}{s(s - p_1)(s - p_2)} \tag{3.52}$$

これを部分分数に展開すると

$$Y(s) = \frac{A}{s} + \frac{B}{s - p_1} + \frac{C}{s - p_2} \tag{3.53}$$

となる。ここで，係数 A，B，C はつぎのように決定することができる。

$$A = \lim_{s \to 0} s \frac{\omega_n^2}{s(s - p_1)(s - p_2)} = \frac{\omega_n^2}{p_1 p_2} \tag{3.54}$$

$$B = \lim_{s \to p_1}(s - p_1)\frac{\omega_n^2}{s(s - p_1)(s - p_2)} = \frac{\omega_n^2}{p_1(p_1 - p_2)} \tag{3.55}$$

$$C = \lim_{s \to p_2}(s - p_2)\frac{\omega_n^2}{s(s - p_1)(s - p_2)} = \frac{\omega_n^2}{p_2(p_2 - p_1)} \tag{3.56}$$

式 (3.53) を逆ラプラス変換することにより，時間領域のおける応答 $y(t)$ は

$$y(t) = A + Be^{p_1 t} + Ce^{p_2 t} \tag{3.57}$$

となる。

極が二重の場合には，部分分数展開は

$$Y(s) = \frac{\omega_n^2}{s(s - p_1)^2} = \frac{A}{s} + \frac{B}{s - p_1} + \frac{C}{(s - p_1)^2} \tag{3.58}$$

[†] $G(s) = K\omega_n^2/(s^2 + 2\zeta\omega_n s + \omega_n^2)$ を2次遅れ要素と呼ぶ場合もある。

となるので，応答は
$$y(t) = A + Be^{p_1 t} + Cte^{p_1 t} \tag{3.59}$$
となる．係数は
$$A = \lim_{s \to 0} s \frac{\omega_n^2}{s(s-p_1)^2} = \frac{\omega_n^2}{p_1^2} \tag{3.60}$$
$$B = \lim_{s \to p_1} \frac{d}{ds}\left((s-p_1)^2 \frac{\omega_n^2}{s(s-p_1)^2}\right) = -\frac{\omega_n^2}{p_1^2} \tag{3.61}$$
$$C = \lim_{s \to p_1}(s-p_1)^2 \frac{\omega_n^2}{s(s-p_1)^2} = \frac{\omega_n^2}{p_1} \tag{3.62}$$
により求めることができる． ∎

2次遅れ要素の極は，2次方程式の解であるので，その判別式に対応して，1）二つの異なる実数根，2）2重根，3）共役複素数根，の3種類に分類できる．2次遅れ要素の極を求める特性方程式
$$s^2 + 2\zeta\omega_n s + \omega_n^2 = 0 \tag{3.63}$$
の判別式 D は
$$D = \zeta^2 - 1 \tag{3.64}$$
であるから，2次遅れ要素の応答は減衰比によって，$\zeta > 1$, $\zeta = 1$, $\zeta < 1$ の場合に分けて考える必要がある．

1）$\zeta > 1$ の場合（過減衰）（極は二つの異なる実数）　　極は
$$\begin{aligned}p_1 &= -\zeta\omega_n + \omega_n\sqrt{\zeta^2 - 1} \\ p_2 &= -\zeta\omega_n - \omega_n\sqrt{\zeta^2 - 1}\end{aligned} \tag{3.65}$$
であるので，これを式 (3.57) に代入して整理すると次式が得られる（**図 3.20**）．
$$y(t) = 1 - \frac{e^{-\zeta\omega_n t}}{2\beta}\left\{(\zeta + \beta)e^{\omega_n \beta t} - (\zeta - \beta)e^{-\omega_n \beta t}\right\} \tag{3.66}$$

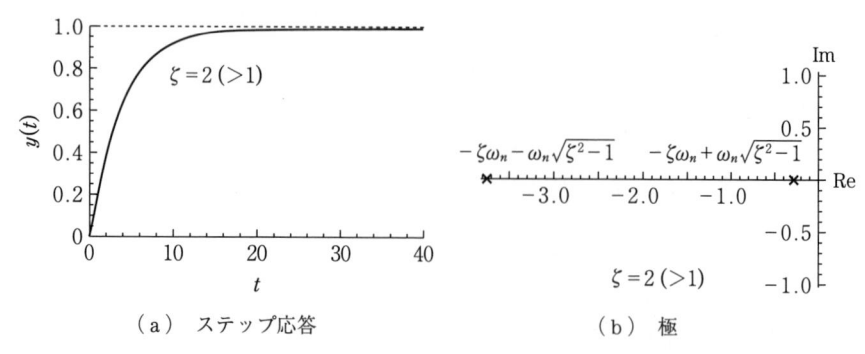

図 3.20　2次遅れ要素のステップ応答と極（$\zeta=2$）

ただし，$\beta=\sqrt{\zeta^2-1}$ である[†]。

2）$\zeta=1$ の場合（臨界減衰）（極は二重の実数）　極は固有角周波数 ω_n によって示される。

$$p_1 = p_2 = -\omega_n \tag{3.67}$$

したがって，式 (3.59) からステップ応答は

$$y(t) = 1 - e^{-\omega_n t}(1 + \omega_n t) \tag{3.68}$$

と書くことができる（**図 3.21**）。

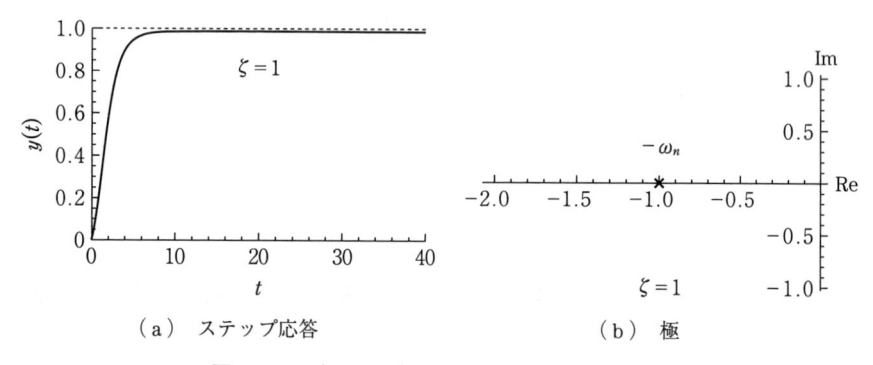

図 3.21　2次遅れ要素のステップ応答と極（$\zeta=1$）

[†] 式 (3.66) は双曲線関数を用いて，つぎのように書くこともできる。

$$y(t) = 1 - e^{-\zeta\omega_n t}\left(\cosh\sqrt{\zeta^2-1}\,\omega_n t - \frac{\zeta}{\sqrt{\zeta^2-1}}\sinh\sqrt{\zeta^2-1}\,\omega_n t\right)$$

3.4 伝 達 要 素

3) $\zeta<1$ の場合（不足減衰）（極は共役複素数） 極は

$$p_1 = -\zeta\omega_n + j\left(\omega_n\sqrt{1-\zeta^2}\right)$$
$$p_2 = -\zeta\omega_n - j\left(\omega_n\sqrt{1-\zeta^2}\right) \tag{3.69}$$

であるので，これを式 (3.57) に代入して整理するとステップ応答は次式のように得られる（**図 3.22**）。

$$y(t) = 1 - e^{-\zeta\omega_n t}\left(\cos\omega_d t + \frac{\zeta}{\sqrt{1-\zeta^2}}\sin\omega_d t\right) \tag{3.70}$$

ただし，$\omega_d = \omega_n\sqrt{1-\zeta^2}$ である†。

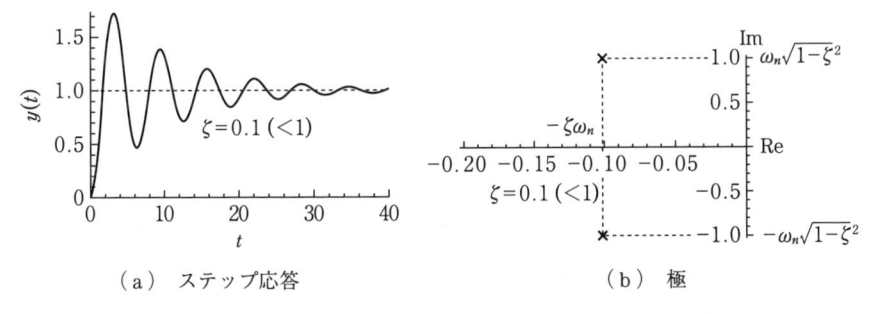

（a） ステップ応答　　　　　　（b） 極

図 3.22 2次遅れ要素のステップ応答と極（$\zeta=0.1$，$\omega_n=1$）

2次遅れ要素のステップ応答を**図 3.23** に示す。図（a）には ζ の変化に応じて表現したものが示されている。また，2次遅れ要素の ζ の変化に応じた極を**図 3.24** に示す。

図 3.23 より振動のピークは，減衰比が増加するにしたがって減少し，$\zeta \geq 1$ では存在しないことがわかる。

2次遅れ要素の特性を示す自動車の上下運動について考える（**図 3.25**）。伝達関数は式 (2.13) より

$$G(s) = \frac{cs+k}{ms^2+cs+k} = \frac{2\zeta\omega_n s + \omega_n^2}{s^2 + 2\zeta\omega_n s + \omega_n^2} \tag{3.71}$$

---

† 式 (3.70) はつぎのように書きなおすこともできる。

$$y(t) = 1 - \frac{e^{-\zeta\omega_n t}}{\sqrt{1-\zeta^2}}\sin\left(\omega_d t + \tan^{-1}\frac{\sqrt{1-\zeta^2}}{\zeta}\right)$$

62　3. 時　間　応　答

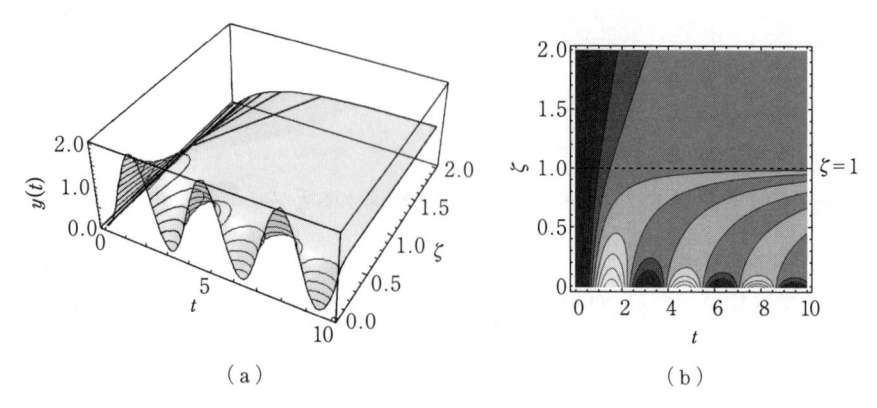

図 3.23　2次遅れ要素のステップ応答

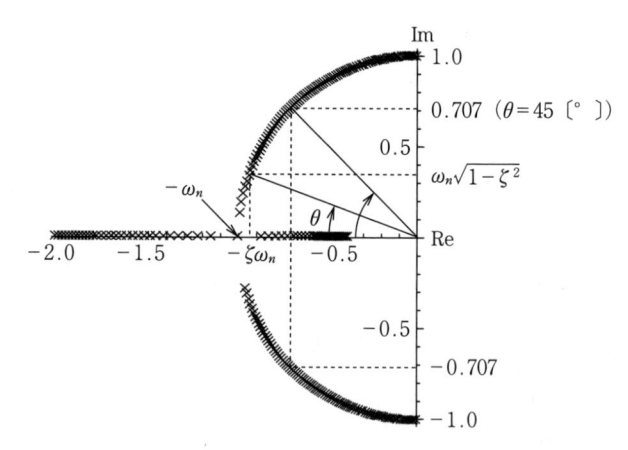

図 3.24　2次遅れ要素の極

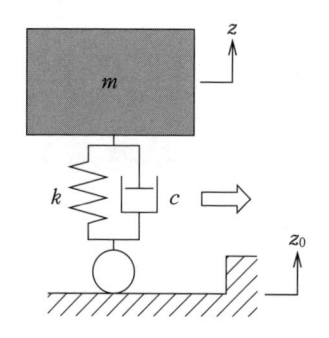

図 3.25　自動車の段差乗り越え

となる。ここで $\omega_n = \sqrt{k/m}$, $\zeta = c/(2\sqrt{mk})$ である。

図の自動車の段差乗り越えのように，路面がステップ状に変化する場合の車体変位の応答は，路面変位を単位ステップ入力

$$Z_0(s) = \frac{1}{s} \tag{3.72}$$

とすることにより，つぎのように求められる。

$$Z(s) = G(s)Z_0(s) = \frac{2\zeta\omega_n s + \omega_n^2}{s(s^2 + 2\zeta\omega_n s + \omega_n^2)} \tag{3.73}$$

部分分数に展開すると

$$Z(s) = \frac{1}{s} - \frac{s}{s^2 + 2\zeta\omega_n s + \omega_n^2} \tag{3.74}$$

となる。$\zeta > 1$（過減衰），$\zeta = 1$（臨界減衰）$\zeta < 1$（不足減衰）の場合に分けて考える。

（1） $\zeta > 1$（過減衰）の場合

$$\begin{aligned} z(t) &= \mathcal{L}^{-1}\left[\frac{1}{s} - \frac{s}{s^2 + 2\zeta\omega_n s + \omega_n^2}\right] \\ &= 1 - \frac{e^{-\zeta\omega_n t}}{2\beta}\left\{(\zeta - \beta)e^{\beta\omega_n t} - (\zeta + \beta)e^{-\beta\omega_n t}\right\} \end{aligned} \tag{3.75}$$

ただし，$\beta = \sqrt{\zeta^2 - 1}$ である。

（2） $\zeta = 1$（臨界減衰）の場合

$$z(t) = \mathcal{L}^{-1}\left[\frac{1}{s} - \frac{s}{(s + \omega_n)^2}\right] = 1 - e^{-\omega_n t}(1 - \omega_n t) \tag{3.76}$$

（3） $\zeta < 1$（不足減衰）の場合

$$\begin{aligned} z(t) &= \mathcal{L}^{-1}\left[\frac{1}{s} - \frac{s}{s^2 + 2\zeta\omega_n s + \omega_n^2}\right] \\ &= \mathcal{L}^{-1}\left[\frac{1}{s} - \frac{s + \zeta\omega_n}{(s + \zeta\omega_n)^2 + \omega_d^2} + \frac{\zeta}{\sqrt{1 - \zeta^2}}\frac{\omega_d}{(s + \zeta\omega_n)^2 + \omega_d^2}\right] \\ &= 1 - e^{-\zeta\omega_n t}\left(\cos\omega_d t - \frac{\zeta}{\sqrt{1 - \zeta^2}}\sin\omega_d t\right) \end{aligned} \tag{3.77}$$

ただし，$\omega_d = \omega_n\sqrt{1-\zeta^2}$ である。

例題 3.9** ★** 図 1.22 の 1 自由度サスペンションモデルにおいて，質量 $m = 250$ kg（1/4 車両ぶん）の自動車が，段差 0.01 m を乗り上げた場合の車体変位の応答を求めよ。ただし，ばね定数を $k = 10$ kN/m，減衰係数を $c = 632$ N s/m とする。

【解答】 $\omega_n = \sqrt{10\,000/250} = 6.32$ rad/s　$\zeta = 632/2\sqrt{250 \times 10\,000} = 0.2$（不足減衰）となるため，式 (3.77) を用いて応答を求めると，**図 3.26** になる。

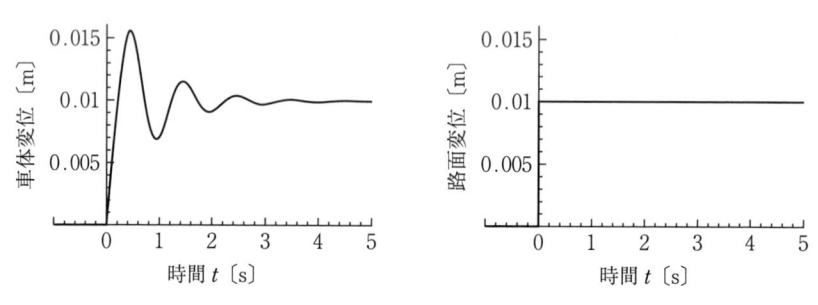

図 3.26 段差乗り上げ時の車体の上下変位

■

例題 3.10*****★** 図 1.24 の 2 自由度サスペンションモデルの路面変位 $z_0 = 0.01$ m 段差乗り上げの場合の車体変位 z_2 の応答波形を求めよ。ただし，ばね上質量 $m_2 = 250$ kg，ばね下質量 $m_1 = 25$ kg，ばね定数 $k_2 = 10$ kN/m，$k_1 = 100$ kN/m とする。減衰比 $\zeta = 0, 0.2, 0.5, 1.0$ として応答を比較せよ。

【解答】 段差乗り上げのように路面がステップ状に変化し入力される場合，車体の変位はつぎのようになる。

$$Z_2(s) = G_2(s)Z_0(s)$$
$$= \frac{2\zeta\omega_1^2\omega_2 s + \omega_1^2\omega_2^2}{s^4 + 2(1+\mu)\zeta\omega_2 s^3 + \{\omega_1^2 + (1+\mu)\omega_2^2\}s^2 + 2\zeta\omega_1^2\omega_2 s + \omega_1^2\omega_2^2} \times \frac{0.01}{s}$$

(3.78)

3.4 伝達要素　　65

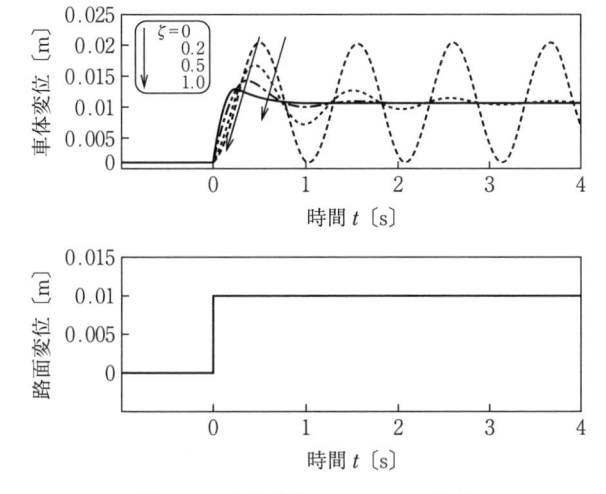

図 3.27　車体変位 z_2 のステップ応答

この式を逆ラプラス変換すると時間応答を求めることができる.具体的に計算した 2 自由度サスペンションモデルの車体変位 z_2 のステップ応答を**図 3.27** に示す.

なお,$\omega_2 = \sqrt{k_2/m_2}$,$\zeta = c_2/(2\sqrt{m_2 k_2})$ より $c_2 = 2\zeta\sqrt{m_2 k_2} = 2m_2\zeta\omega_2$ であるから,サスペンションの減衰係数は $c_2 = 0,\ 632,\ 1\,580,\ 3\,160$ である. ∎

なお,過渡応答を計算する際の入力信号として,インパルス入力やステップ入力のほかに,一定の速度入力として,**ランプ関数**(lamp function)と呼ばれるつぎの 1 次関数

$$u(t) = \begin{cases} t & t \geq 0 \\ 0 & t < 0 \end{cases} \tag{3.79}$$

あるいは,一定加速度入力としてつぎの 2 次関数

$$u(t) = \begin{cases} t^2/2 & t \geq 0 \\ 0 & t < 0 \end{cases} \tag{3.80}$$

を用いる場合がある.それぞれの入力信号を**図 3.28** に示す.

(a) 一定速度入力   (b) 一定加速度入力

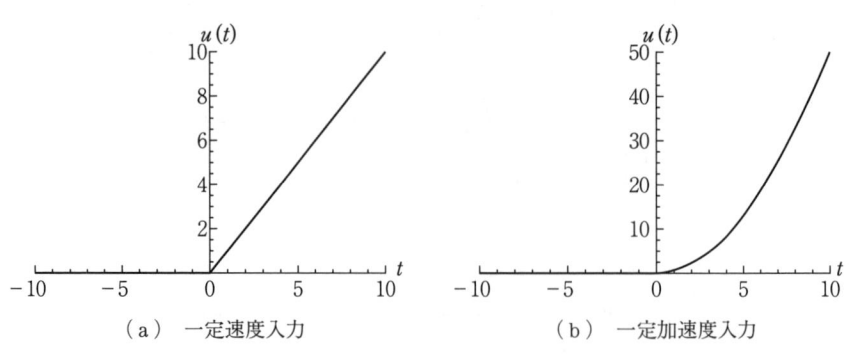

図 3.28　過渡応答を計算する際の入力信号

3.5　極・零点と応答

3.5.1　極と応答

2次遅れ要素の極とインパルス応答を複素平面上に併記して**図 3.29**に整理する。共役な複素数となる極は，虚軸の正負に実軸対称に現れ，同じ応答を示すことから，紙面の都合上，上半面の極のみについて示す。虚軸を境に左半面は**安定**（stable），右半面は**不安定**（unstable）な応答となっている。虚軸から離れるほど左半面では収束が早く，右半面では発散が早くなる。実軸上の極の応答は振動的にはならない。虚軸上の極は減衰を持たず一定振幅応答となる。虚部の値が等しい極の応答では，振動周波数が同一の応答となる。

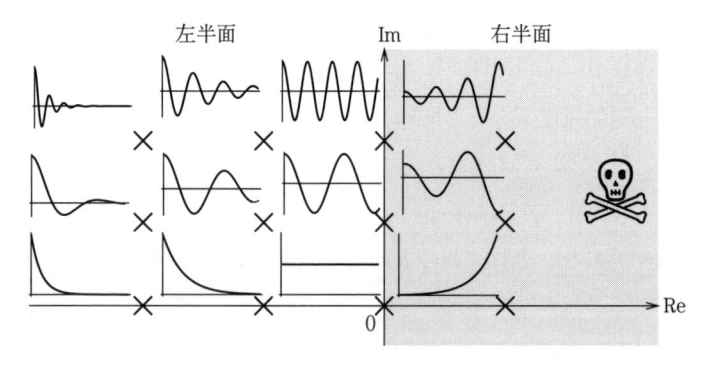

図 3.29　極とインパルス応答

例題3.11* 例題2.6で示した磁気浮上システムの伝達関数より極を求めよ。

解答 伝達関数が $G(s) = K_i/(ms^2 - K_z)$ で表されるため，特性方程式は $ms^2 - K_z = 0$ となり，極は $s = \pm\sqrt{K_z/m}$ となる。　■

例として $m = 8\,000$ kg, $K_i = -19.6 \times 10^3$ N/A, $K_z = 39.2 \times 10^6$ N/m とした場合の極を図3.30に示す（極 $s = \pm 70$）。極が右半面にあり不安定であることがわかる。

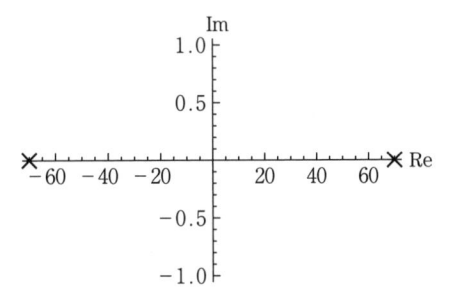

図3.30 磁気浮上システムの極

例題3.12* 航空機の昇降舵角から機体ピッチ角までの伝達関数がつぎのように与えられた場合を考える。

$$G(s) = \frac{\Delta\theta(s)}{\Delta\delta_e(s)} = \frac{-(s+1)}{s(s^2+s+1)} \tag{3.81}$$

（1）極と零点を複素平面上に表示せよ。
（2）昇降舵に対して1°のステップ状の上げ舵操作を行った場合の機体の応答を求めよ。

解答
（1）特性方程式は $s(s^2+s+1)=0$ となるので，極は $0, -0.50 \pm 0.87j$ となる。また零点は -1 である。したがって，極と零点は図3.31のように表示できる。

68   3. 時 間 応 答

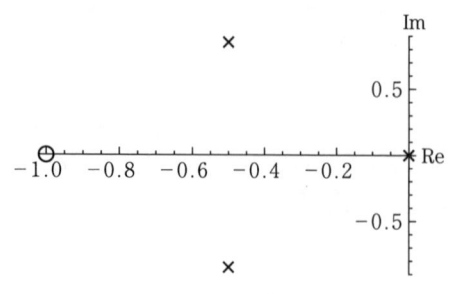

図 3.31　極と零点

（2） 昇降舵に対して 1°のステップ状の上げ舵操作（$\Delta\delta_e = -1°$）を行うので，応答はつぎのように計算できる．

$$\Delta\theta(s) = \frac{-(s+1)}{s(s^2+s+1)} \times \left(-\frac{1}{s}\right) = \frac{s+1}{s^2(s^2+s+1)} \tag{3.82}$$

これを部分分数に展開すると

$$\Delta\theta(s) = \frac{1}{s^2} - \frac{1}{s^2+s+1} \tag{3.83}$$

が得られるので，さらに逆ラプラス変換を行うことにより

$$\Delta\theta(t) = t - \frac{2}{\sqrt{3}}e^{-t/2}\sin\frac{\sqrt{3}}{2}t \tag{3.84}$$

が得られる．機体ピッチ角の変化を図 3.32 に示す．時間が経過すると，式 (3.84) の第 2 項は消失して第 1 項のみになり，応答が時間に比例して増大することがわかる．これは，伝達関数の極が原点にあることによるものである．

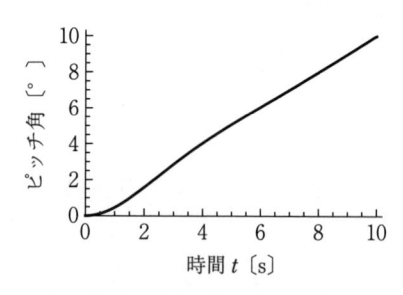

図 3.32　機体ピッチ角の変化

■

3.5 極・零点と応答　69

例題 3.13**★** 例題 2.5 で示した自動車の横方向の運動モデルの極を計算せよ．ただし，$m = 1\,000$ kg, $I = 1\,500$ kg m^2, $l_f = 1$ m, $l_r = 1.5$ m, $C_f = 30\,000$ N/rad, $C_r = 40\,000$ N/rad として，速度 $V = 30$ m/s（108 km/h）とする．

[解答]　式 (1.39) および式 (1.40) に示した，自動車の横方向の運動方程式より，特性方程式は

$$\begin{vmatrix} ms^2 + \dfrac{2(C_f + C_r)}{V}s & \dfrac{2(l_f C_f - l_r C_r)}{V}s - 2(C_f + C_r) \\ \dfrac{2(l_f C_f - l_r C_r)}{V}s & Is^2 + \dfrac{2(l_f^2 C_f + l_r^2 C_r)}{V}s - 2(l_f C_f - l_r C_r) \end{vmatrix} = 0 \quad (3.85)$$

となり，計算すると以下のようになる．

$$s^2 \left[mIVs^2 + \left\{ 2m(l_f^2 C_f + l_r^2 C_r) + 2I(C_f + C_r) \right\} s \right. \\ \left. + \left\{ 4C_f C_r l^2 / V - 2mV(l_f C_f - l_r C_r) \right\} \right] = 0 \quad (3.86)$$

上式より，自動車の横方向の運動モデルの極を**図 3.33** に示す．極は，$-5.00 \pm 6.10j$ と 0（重根）となる．この図より，原点に極があることから，自動車に何かしらの外乱が加わった場合には，積極的な制御を行わないとコースから外れて不安定になることがわかる．

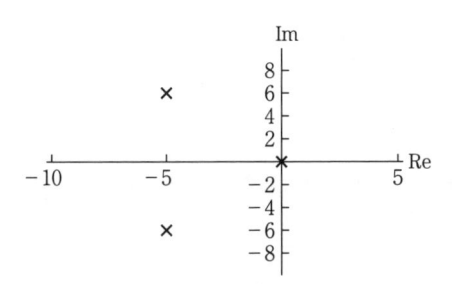

図 3.33 横方向の運動モデルの極

■

3.5.2 零点と応答

前節で説明したように，伝達関数の極はシステムの安定性に大きく関係して

いる。一方，零点は，安定性には直接関係していない。それでは，零点は応答にどのような影響を与えるのであろうか。

> **例題 3.14*** 伝達関数が
> $$G(s) = \frac{s^2+1}{s^2+3s+2} \quad (3.87)$$
> で与えられるシステムに，$u(t) = \sin t$ の入力を加える。このときの応答を求めよ。

[解答] $U(s) = \mathcal{L}[\sin t] = 1/(s^2+1)$ であるので，ラプラス領域における応答は

$$Y(s) = G(s)U(s) = \frac{s^2+1}{s^2+3s+2} \times \frac{1}{s^2+1} = \frac{1}{s^2+3s+2} = \frac{1}{s+1} - \frac{1}{s+2} \quad (3.88)$$

となる。したがって，時間領域での応答は

$$y(t) = \mathcal{L}^{-1}[Y(s)] = e^{-t} - e^{-2t} \quad (3.89)$$

となり，図 3.34 のようになる。

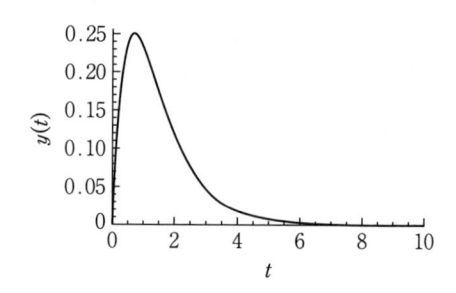

図 3.34 式 (3.87) の伝達関数に正弦波を入力した場合の応答

■

応答をみると，持続的な周期的入力を加えているにもかかわらず，応答に周期的入力の影響が表れていないことがわかる（**図 3.35**）。これは，伝達関数の分子 s^2+1 が入力 $1/(s^2+1)$ を打ち消していることによるものである。このように，零点によってある特定の入力信号を遮断することができる。

3.5 極・零点と応答

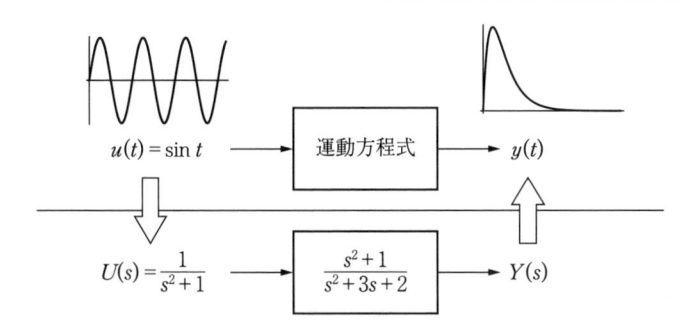

図 3.35 零点による特定入力信号の遮断

> **例題 3.15**[*] 伝達関数が
> $$G(s) = \frac{-s+2}{s^2+3s+2} \tag{3.90}$$
> で与えられるシステムがある。このシステムのステップ応答を求めよ。また，伝達関数の極と零点を表示せよ。

[解答] ステップ応答を計算すると，つぎのようになる。

$$Y(s) = G(s) \times \frac{1}{s} = \frac{-s+2}{s(s^2+3s+2)} = \frac{1}{s} - \frac{3}{s+1} + \frac{2}{s+2} \tag{3.91}$$

したがって，時間領域での応答は

$$y(t) = \mathcal{L}^{-1}[Y(s)] = 1 - 3e^{-t} + 2e^{-2t} \tag{3.92}$$

となり，**図 3.36** のようになる。このとき，極は -1，-2 に，零点は 2 に存在する。

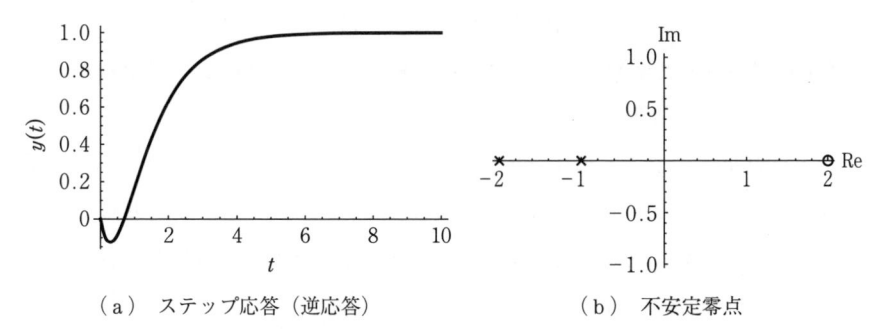

（a）ステップ応答（逆応答）　　　　（b）不安定零点

図 3.36 逆応答と不安定零点

■

ステップ応答をみると，逆方向に一旦移動してから定常値に接近していくことがわかる。このような応答を**逆応答**（inverse response）と呼び，伝達関数の零点が右半面にある場合の応答の特徴であり，**非最小位相系**（non-minimum phase system）と呼ばれる。右半面にある零点を，**不安定零点**（unstable zero）と呼ぶ。

章 末 問 題

3.1* 図1.10の質量・ばね・ダンパ系（1）において，ステップ入力に対して物体が振動しないで減衰するためには，m, c, k にどのような条件が成立する必要があるか。

3.2* ある伝達関数のステップ応答が $y(t) = 1 - \cos t$ であった。この伝達関数を求めよ。

3.3* 1次遅れ要素のステップ応答が，時刻 $t = T$ および $t = 3T$（ただし T は時定数）において定常値の何％となるか求めよ。

3.4* 伝達関数が $G(s) = \tau s / (\tau s + 1)$ で表される特性を**ウォッシュアウトフィルタ**（washout filter）と呼ぶ。この伝達関数にステップ入力を加えたときの応答を求めよ。

3.5★★ 例題3.7において，以下のように変化させた場合について考察せよ。

（1） 自動車のエンジンを出力の大きなものにして，駆動力を 2 000 N から 3 000 N，4 000 N と増やすと，速度の収束値や時定数はどのようになるか。また，スタート時の加速度はどのような影響を受けるか。

（2） 空気抵抗の小さい車体形状や転がり抵抗の小さいタイヤにして，減衰係数を 100 N s/m から 75 N s/m，50 N s/m と減らすと，速度の収束値や時定数，スタート時の加速度はどのように変化するか。また，伝達関数の極がどのように変化するか調べよ。

（3） 軽量の素材を使って自動車の質量を 1 000 kg から 750 kg，500 kg と減らした場合，速度の収束値や時定数，およびスタート時の加速度に及ぼす影響

はどうなるか。また，伝達関数の極がどのように変化するか調べよ。

3.6***　例題 2.5 で示した自動車の横運動について，速度 V を 10 m/s（36 km/h）から 50 m/s（180 km/h）まで 10 m/s ずつ増加させた場合の極の変化を調べよ。

3.7**　図 1.22 の 1 自由度サスペンションモデルにおいて，質量 $m=250$ kg（1/4 車両分）の自動車が，段差 0.01 m を乗り上げた場合の応答を以下の条件で求めよ。

（1）　サスペンションのばね定数を $k=10$ kN/m，減衰係数を $c=63.2$, 632, 3 160, 6 320 N s/m とする。

（2）　サスペンションの減衰係数を $c=632$ N s/m，ばね定数を $k=2.5$, 10, 40 kN/m とする。

3.8****　図 1.24 の 2 自由度サスペンションモデルの挙動を比較する。ばね下質量 $m_1=25$ kg，ばね上質量 $m_2=250$ kg とする。

（1）　ばね下のばね定数を $k_1=100$ kN/m，ばね上のばね定数を $k_2=10$ kN/m とする。減衰比 $\zeta=0$, 0.2, 0.5, 1.0 とし，極の変化を複素平面上に示し，違いを比較せよ。

（2）　サスペンションの底付きを避けるため，ばね上 – ばね下質量の相対変位を，サスペンションの路面への悪影響を避けるため，ばね下質量の変位を確認する必要がある。相対変位 z_2-z_1 とばね下質量の変位 z_1 のステップ応答を求めよ。

3.9***　図 2.13 の航空機の伝達関数（短周期モード）において，昇降舵に対して 1° のステップ状の上げ舵操作を行った場合の機体の応答を求めよ。

4 周波数応答

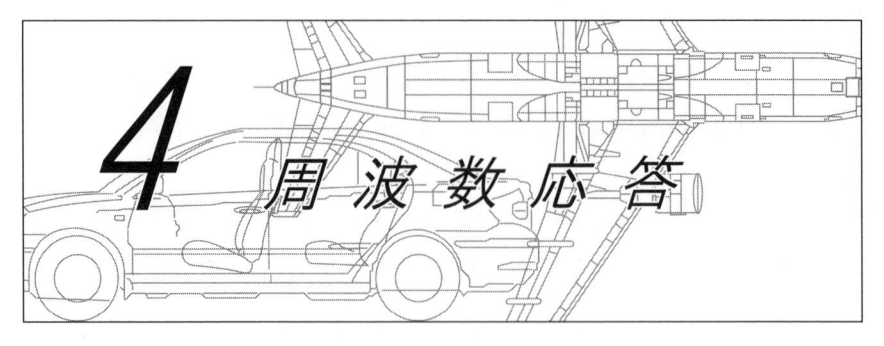

　前章では，いくつかの代表的な入力に対する時間応答について説明した。システムに対する入力は，同じ大きさであっても，ゆっくり変化する場合と急激に変化する場合とで，入力に対する出力の大きさや時間的なずれが変化することが考えられる。本章では，周期的な入力に対するシステムの出力の大きさの比であるゲインや，入力に対する出力の遅れである位相について理解し，それらにより描かれるベクトル軌跡やボード線図を用いて，周波数領域でのシステムの特性を理解する。

4.1　周波数応答とは

　図 4.1 の質量・ばね・ダンパ系に周期的な力を加える場合を考える。物体に加える力 f が正弦波であれば，物体の変位 x も，十分時間が経過した**定常状態**（steady state）では，正弦波になることは容易に理解できるであろう。

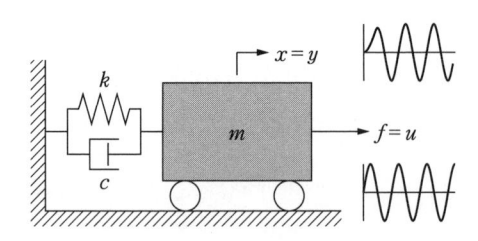

図 4.1　質量・ばね・ダンパ系に周期的な力を加える

　さて，このことを伝達関数を用いて考えてみよう（**図 4.2**）。ここでは，$m=1$, $c=1$, $k=1$, $u(t)=\sin t$ として考えてみる。このとき，図 4.1 の質量・ばね・ダンパ系の伝達関数は

4.1 周波数応答とは　　75

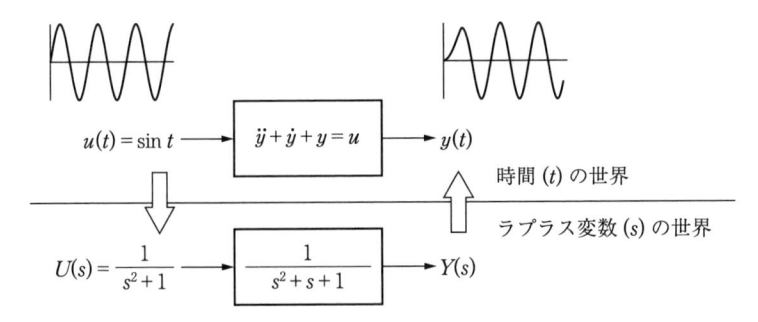

図 4.2 周期的な入力に対する質量・ばね・ダンパ系の応答計算

$$G(s) = \frac{Y(s)}{U(s)} = \frac{1}{s^2 + s + 1} \tag{4.1}$$

となる。$u(t) = \sin t$ をラプラス変換すると，$U(s) = \mathcal{L}[\sin t] = 1/(s^2+1)$ となるから，応答 $Y(s)$ は

$$Y(s) = G(s)U(s) = \frac{1}{(s^2+1)(s^2+s+1)} \tag{4.2}$$

となる。さらに，式 (4.2) を部分分数に展開すると

$$Y(s) = -\frac{s}{s^2+1} + \frac{s+1}{s^2+s+1} \tag{4.3}$$

となる。ここで，右辺の第 1 項と第 2 項をそれぞれ

$$Y_s(s) = -\frac{s}{s^2+1} \tag{4.4}$$

$$Y_t(s) = \frac{s+1}{s^2+s+1} \tag{4.5}$$

とすると

$$Y(s) = Y_s(s) + Y_t(s) \tag{4.6}$$

となり，式 (4.6) を逆ラプラス変換すると

$$y(t) = y_s(t) + y_t(t) \tag{4.7}$$

となる。ここで

$$y_s(t) = -\cos t \tag{4.8}$$

$$y_t(t) = e^{-t/2}\left(\cos\frac{\sqrt{3}}{2}t + \frac{\sqrt{3}}{3}\sin\frac{\sqrt{3}}{2}t\right) \tag{4.9}$$

である.

図 4.3 は,完全解 $y(t)$ と第 1 項 $y_s(t)$ を比較したものである.時間が十分経過すると,第 2 項 $y_t(t) \to 0$ となるので応答は $y_s(t)$ のみになることが理解できる.

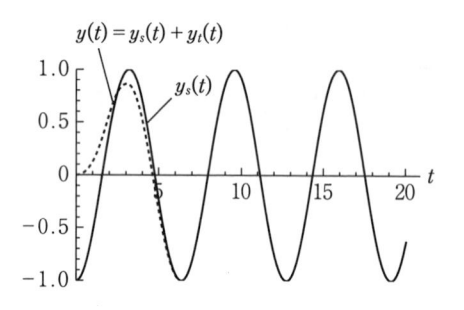

図 4.3 $y(t)$ と $y_s(t)$ との比較

十分時間が経過した定常状態では,**図 4.4**(a)のように入力の信号も出力の信号も同じ周波数の信号になる.もし,入力信号の角周波数が 2 倍($u(t) = \sin 2t$)になると,出力信号の**振幅**(amplitude)と**位相**(phase)が図(b)のように変化する.

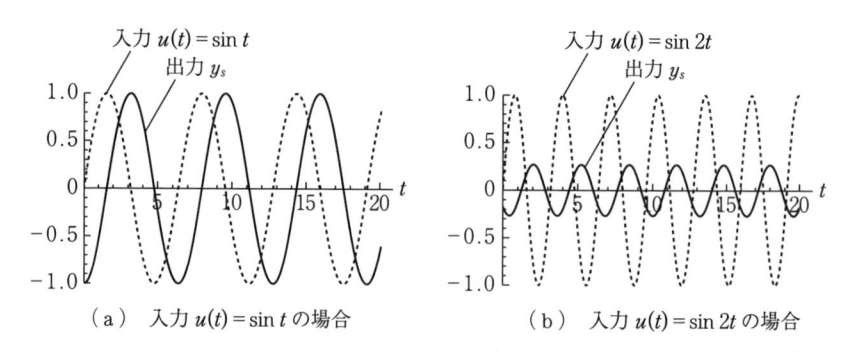

(a) 入力 $u(t) = \sin t$ の場合 (b) 入力 $u(t) = \sin 2t$ の場合

図 4.4 入力信号と出力信号との比較

4.2 周波数応答の計算方法

一般に,動的なシステムに,一定の角周波数の正弦波 $\sin\omega t$ を入力すると,

4.2 周波数応答の計算方法

定常状態における出力信号は，角周波数が同じで振幅と位相が変化した正弦波

$$y_s(t) = A\sin(\omega t + \phi) \tag{4.10}$$

になる（図 4.5）。この振幅 A と位相 ϕ の角周波数 ω に対する変化を周波数特性という。

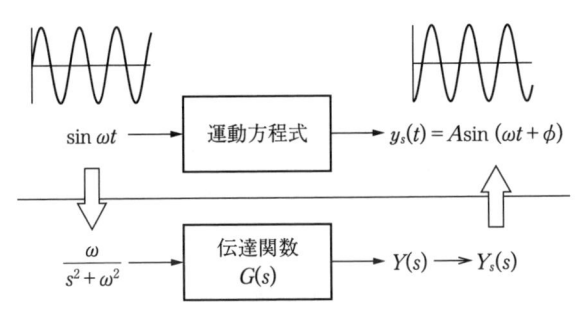

図 4.5 周波数特性

この周波数特性は，伝達関数から，つぎのようにして直接計算できる。まず，伝達関数 $G(s)$ において $s = j\omega$ とすると，$G(j\omega)$ を得る。

$$G(s) \underset{s=j\omega}{\to} G(j\omega) \tag{4.11}$$

$G(j\omega)$ は**周波数伝達関数**（frequency transfer function）と呼ばれている。角周波数 ω を一つ決めると複素数 $G(j\omega) = x + jy$ が一つ定まる。この複素数ベクトルから，振幅と位相を求めることができる。

出力信号の振幅 A と位相 ϕ は，図 4.6 よりつぎのようにして求めることができる。

$$A = |G(j\omega)| = \sqrt{x^2 + y^2} \tag{4.12}$$

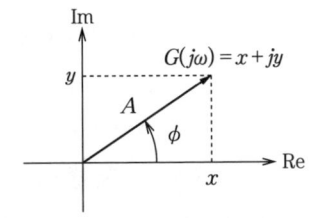

図 4.6 出力信号の振幅と位相の求め方

$$\phi = \angle G(j\omega) = \tan^{-1}\frac{y}{x} \tag{4.13}$$

なお，入力の大きさを1としたときの振幅はゲインに等しい。

例題 4.1* 伝達関数が

$$G(s) = \frac{1}{s^2 + s + 1} \tag{4.14}$$

で与えられるシステムに $\sin t$ （$\omega = 1$）の周期的な入力を加える。周波数伝達関数を用いて定常状態の出力信号を求めよ。

[解答] 周波数伝達関数は

$$G(j\omega) = \frac{1}{(j\omega)^2 + (j\omega) + 1} = \frac{1}{(1 - \omega^2) + j\omega} \tag{4.15}$$

である。入力信号の角周波数は $\omega = 1$ であるから

$$G(j\omega)|_{\omega=1} = \frac{1}{j} = -j \tag{4.16}$$

である。この複素数ベクトルから，振幅と位相がつぎのように求められる。

$$A = |-j| = 1 \tag{4.17}$$

$$\phi = -\frac{\pi}{2}(-90°) \tag{4.18}$$

したがって，定常状態の出力信号は

$$y_s(t) = A\sin(t + \phi) = \sin\left(t - \frac{\pi}{2}\right) = -\cos t \tag{4.19}$$

となる。これは，式 (4.8) における $y_s(t)$ に一致していることが確認できる。■

4.3 ベクトル軌跡

周波数伝達関数 $G(j\omega)$ は，角周波数 ω を一つ決めると複素数 $G(j\omega) = x + jy$ が一つ定まり，複素平面上のベクトルとして表現できる。角周波数 ω を連続的に 0（あるいは $-\infty$）から ∞ まで変化させるとベクトルの先端は複素平面上で軌跡を描くことになる。これを**ベクトル軌跡**（vector locus）と呼ぶ。ここでは，代表的な要素について説明する。

4.3 ベクトル軌跡　　79

4.3.1 微 分 要 素

微分要素の伝達関数は

$$G(s) = s \tag{4.20}$$

である（**図4.7**）。

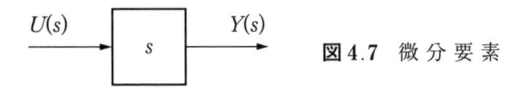

図4.7 微 分 要 素

例題 4.2* 微分要素のベクトル軌跡を求め，ゲインと位相を求めよ。

[解答] 微分要素の周波数伝達関数は

$$G(j\omega) = j\omega \tag{4.21}$$

となる。これは，**図4.8**のように角周波数が増大するにつれて，虚軸正方向に移動するベクトル軌跡を描く。

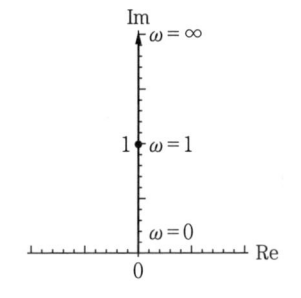

図4.8 微分要素のベクトル軌跡

したがって，ゲインは

$$|G(j\omega)| = |j\omega| = |\omega| \tag{4.22}$$

となり，位相は，図4.8より

$$\angle G(j\omega) = \frac{\pi}{2}\,(90°) \tag{4.23}$$

となる。　　■

4.3.2 積 分 要 素

積分要素の伝達関数は

$$G(s) = \frac{1}{s} \tag{4.24}$$

である（**図 4.9**）。

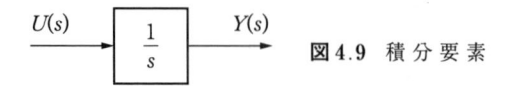

図 4.9 積分要素

例題 4.3* 積分要素のベクトル軌跡を求め，ゲインと位相を求めよ。

[解答] 積分要素の周波数伝達関数は

$$G(j\omega) = \frac{1}{j\omega} \tag{4.25}$$

となる。これは，**図 4.10** のように角周波数が 0 から増大するにつれて，虚軸負方向の無限遠方から原点に移動するベクトル軌跡を描く。

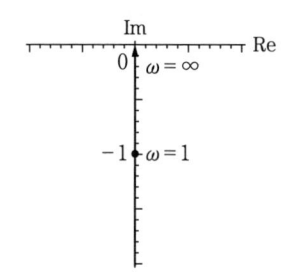

図 4.10 積分要素のベクトル軌跡

したがって，ゲインは

$$|G(j\omega)| = \left|\frac{1}{j\omega}\right| = \frac{1}{|\omega|} \tag{4.26}$$

となり，位相は，図より

$$\angle G(j\omega) = -\frac{\pi}{2} \ (-90°) \tag{4.27}$$

となる。∎

4.3.3　1 次遅れ要素

1 次遅れ要素の伝達関数は

$$G(s) = \frac{1}{Ts+1} \tag{4.28}$$

4.3 ベクトル軌跡

$U(s) \rightarrow \boxed{\dfrac{1}{Ts+1}} \rightarrow Y(s)$

図 4.11　1 次遅れ要素

である（図 4.11）。

例題 4.4＊　1 次遅れ要素のベクトル軌跡を求め，ゲインと位相を求めよ。

[解答]　1 次遅れ要素の周波数伝達関数は，式 (4.28) に $s=j\omega$ を代入することにより

$$G(j\omega) = \frac{1}{T(j\omega)+1} = \frac{1}{1+(\omega T)^2} - j\frac{\omega T}{1+(\omega T)^2} \tag{4.29}$$

となる。これは，図 4.12 のようなベクトル軌跡を描く。

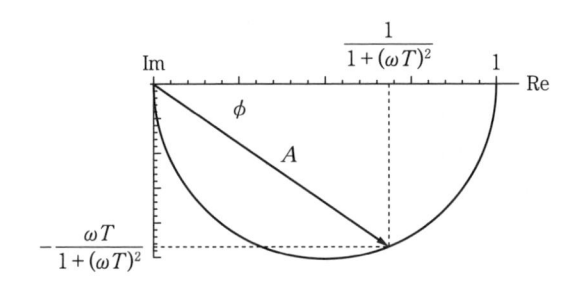

図 4.12　1 次遅れ要素のベクトル軌跡

したがって，ゲインは

$$|G(j\omega)| = \left|\frac{1}{1+j\omega T}\right| = \frac{1}{\sqrt{1+(\omega T)^2}} \tag{4.30}$$

となり，位相は，図より

$$\angle G(j\omega) = -\tan^{-1}(\omega T) \tag{4.31}$$

となる。　■

したがって，$\sin \omega t$ を入力した場合，1 次遅れ要素の定常応答は

$$y_s(t) = \frac{1}{\sqrt{1+(\omega T)^2}} \sin\left\{\omega t - \tan^{-1}(\omega T)\right\} \tag{4.32}$$

となる。

(a) ゲイン　　　　　　　　　　　　（b) 位相

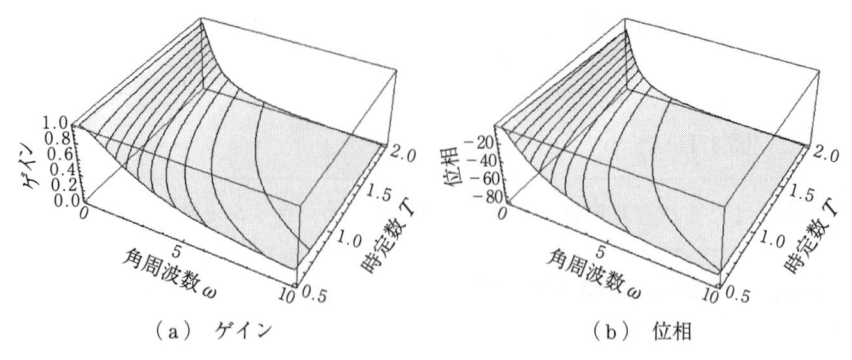

図 4.13 1次遅れ要素のゲイン特性と位相特性の変化

時定数 T に対する1次遅れ要素のゲイン特性と位相特性の変化を**図 4.13** に示す。

4.3.4 2次遅れ要素

2次遅れ要素の伝達関数は

$$G(s) = \frac{\omega_n^2}{s^2 + 2\zeta\omega_n s + \omega_n^2} \tag{4.33}$$

である（**図 4.14**）。

図 4.14 2次遅れ要素

例題 4.5* 2次遅れ要素のベクトル軌跡を求め，ゲインと位相を求めよ。

[解答] 2次遅れ要素の周波数伝達関数は

$$G(j\omega) = \frac{\omega_n^2}{(j\omega)^2 + 2\zeta\omega_n(j\omega) + \omega_n^2} = \frac{\omega_n^2}{(\omega_n^2 - \omega^2) + j(2\zeta\omega_n\omega)} \tag{4.34}$$

となる。

図 4.15 に減衰比 ζ を変化させた場合の，2次遅れ要素のベクトル軌跡を示す。
式 (4.34) から，ゲインと位相がつぎのように求められる。

$$|G(j\omega)| = \sqrt{\frac{\omega_n^4}{(\omega_n^2 - \omega^2)^2 + (2\zeta\omega_n\omega)^2}} \tag{4.35}$$

4.4 ボード線図　　83

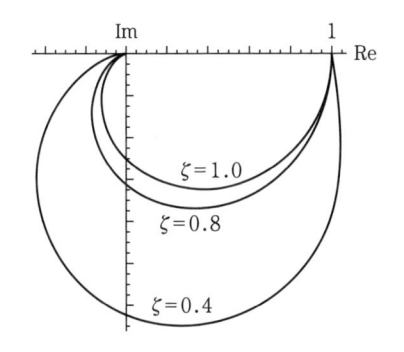

図4.15 2次遅れ要素のベクトル軌跡

$$\angle G(j\omega) = -\tan^{-1}\frac{2\zeta\omega_n\omega}{\omega_n^2 - \omega^2} \tag{4.36}$$

したがって，$\sin\omega t$ を入力した場合，2次遅れ要素の定常応答は

$$y_s(t) = \sqrt{\frac{\omega_n^4}{(\omega_n^2 - \omega^2)^2 + (2\zeta\omega_n\omega)^2}} \sin\left\{\omega t - \tan^{-1}\left(\frac{2\zeta\omega_n\omega}{\omega_n^2 - \omega^2}\right)\right\} \tag{4.37}$$

となる。　　　　　　　　　　　　　　　　　　　　　　　　　　　　　■

　減衰比 ζ に対する2次遅れ要素のゲイン特性と位相特性の変化を**図4.16**に示す。

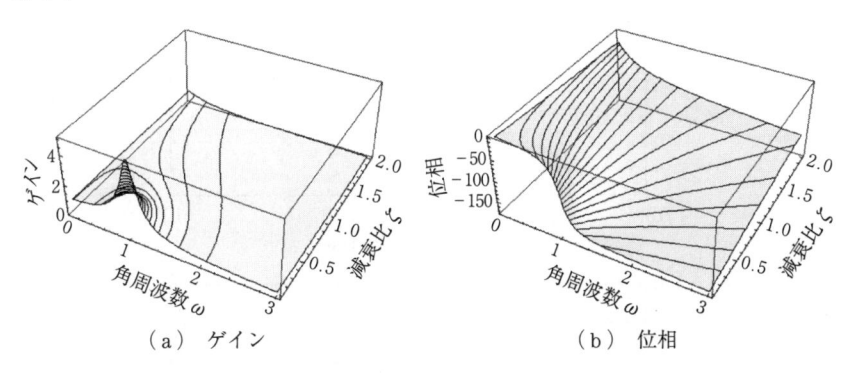

（a）ゲイン　　　　　　　　　　（b）位相

図4.16 2次遅れ要素のゲイン特性と位相特性の変化

4.4　ボ ー ド 線 図

　ボード線図（Bode diagram）は，1930年代にボード（Bode）によって考案

され，制御系の設計に広く用いられている。ボード線図は角周波数 ω を横軸に対数目盛で表現し，角周波数 ω に対するゲインと位相の変化を表現したものである。ゲイン線図は縦軸を $20\log|G(j\omega)|$ としてデシベル（dB）値で表現する。また，位相線図は，縦軸を位相角 $\angle G(j\omega)$ として度（° または deg）で表現する。

4.4.1 微 分 要 素

微分要素の周波数伝達関数は

$$G(j\omega) = j\omega \tag{4.38}$$

であるので

$$20\log|G(j\omega)| = 20\log|\omega| \tag{4.39}$$

$$\angle G(j\omega) = 90° \tag{4.40}$$

となる。

微分要素のボード線図を図 4.17 に示す。ゲインは 1 デカード（decade）ごとに 20 dB 増加する。したがって，ゲイン線図は傾きが 20 dB/dec の直線と

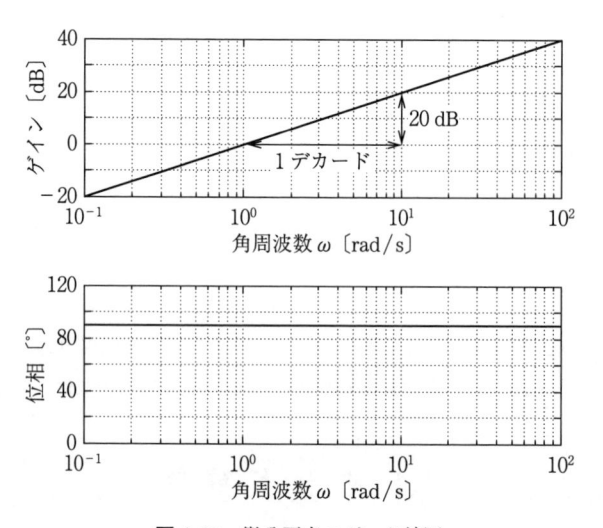

図 4.17 微分要素のボード線図

なる。また，位相線図は角周波数に関係なく 90°で一定となる。

4.4.2 積 分 要 素

積分要素の周波数伝達関数は

$$G(j\omega) = \frac{1}{j\omega} \tag{4.41}$$

であるので

$$20\log|G(j\omega)| = 20\log\frac{1}{|\omega|} = -20\log|\omega| \tag{4.42}$$

$$\angle G(j\omega) = -90° \tag{4.43}$$

となる。

積分要素のボード線図を**図 4.18** に示す。ゲイン線図は傾きが $-20\,\mathrm{dB/dec}$ の直線となり，位相線図は角周波数に関係なく $-90°$ で一定となる。

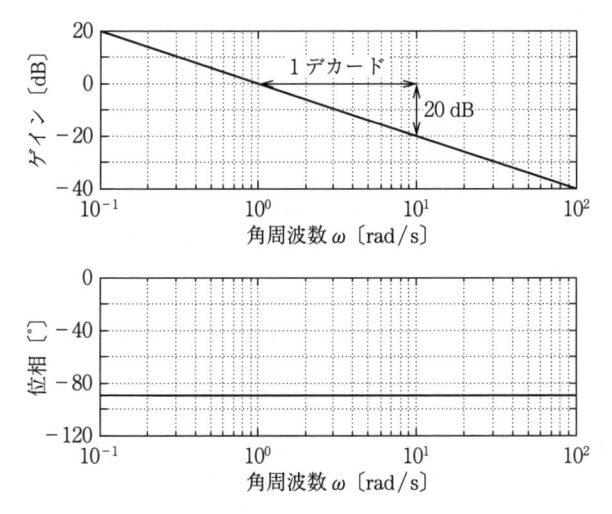

図 4.18 積分要素のボード線図

4.4.3 1 次遅れ要素

1 次遅れ要素の周波数伝達関数は

4. 周波数応答

$$G(j\omega) = \frac{1}{j\omega T + 1} \tag{4.44}$$

であるので

$$20\log|G(j\omega)| = 20\log\frac{1}{\sqrt{1+(\omega T)^2}} \tag{4.45}$$

$$\angle G(j\omega) = -\tan^{-1}(\omega T) \tag{4.46}$$

となる。

　周波数伝達関数は，$\omega T \ll 1$ では $G(j\omega) \approx 1$，$\omega T \gg 1$ では $G(j\omega) \approx 1/(j\omega T)$ の積分要素で近似できるので，ゲイン特性と位相特性を以下のように近似することができる。

$$20\log|G(j\omega)| \begin{cases} \approx 0 \text{ dB} & \omega T \ll 1 \\ = -3 \text{ dB} & \omega T = 1 \\ \approx -20\log|\omega T| \text{ dB} & \omega T \gg 1 \end{cases} \tag{4.47}$$

$$\angle G(j\omega) \begin{cases} \approx 0° & \omega T \ll 1 \\ = -45° & \omega T = 1 \\ \approx -90° & \omega T \gg 1 \end{cases} \tag{4.48}$$

1次遅れ要素のボード線図を **図4.19** に示す。ゲイン特性を二つの折れ線

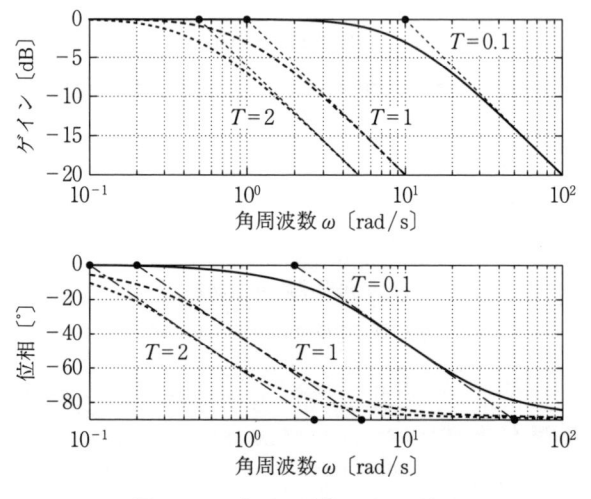

図4.19 1次遅れ要素のボード線図

(0 dB, $-20\log|\omega T|$ dB) で近似したものを一点鎖線で表示した。これを折れ線近似と呼び，折れ線の交点の角周波数 $1/T$ を，折れ点周波数あるいは**遮断周波数**（cut off frequency）という。位相については，$\omega T \leq 0.2/T$ で $0°$，$\omega T \geq 5/T$ で $-90°$ としてその間を直線で近似することができる。別の近似方法として，$0.1/T$ と $10/T$ の間を直線で近似する方法もある。

例題 4.6***★　例題 2.1 でとりあげた自動車の前後方向の運動について考える。駆動力から速度までの伝達関数を求め，自動車の質量が 1 000 kg，抵抗力の減衰係数が 100 N s/m の場合のボード線図を描け[†]。

[解答]　駆動力 F_x を入力，速度 V を出力とすると，伝達関数 $G(s)$ は以下のようになる。

$$G(s) = \frac{V(s)}{F_x(s)} = \frac{1}{ms+c} = \frac{K}{Ts+1} \tag{4.49}$$

ここで，$T=m/c$，$K=1/c$ である。

この伝達関数は，比例要素と 1 次遅れ要素が結合された伝達関数であるので，式 (4.45) および式 (4.46) を用いて，代表的な周波数に対するゲインと位相を計算した結果を**表 4.1** に示す。この問題では，$T=m/c=10$，$K=0.01$ となる。

表 4.1　周波数応答の計算結果

角周波数 〔rad/s〕	ゲイン 〔dB〕	位相 〔°〕
0.000 1	-40.00	-0.06
0.001	-40.00	-0.57
0.01	-40.04	-5.71
0.1	-43.01	-45.00
1	-60.04	-84.29
10	-80.00	-89.43
100	-100.00	-89.94

図 4.20 に駆動力に対する速度のボード線図を示す。ゲインは，周波数が低い領域では -40 dB となっていて，0.1 rad/s を境に 10 rad/s 増えるごとに 20 dB ずつ減少している。周波数が低い領域でのゲインを**定常ゲイン**（steady-state gain）[††]と

[†] MATLAB の Control System Toolbox では，bode を使用。
[††] 定常ゲインのことを直流ゲイン（DC gain）ともいう。

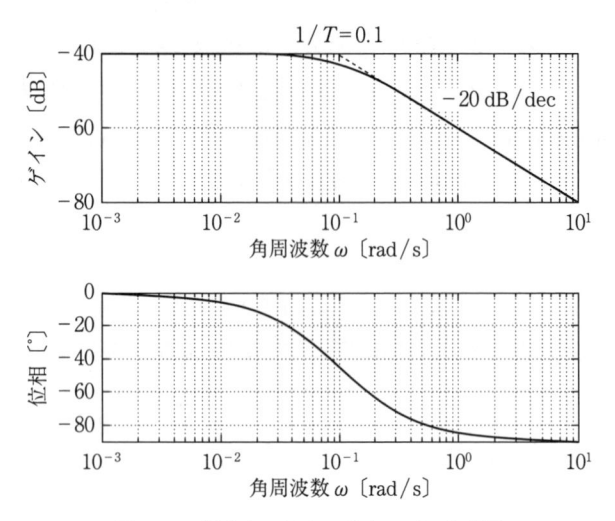

図 4.20　駆動力に対する速度のボード線図

いい，定常値は $20\log K = -40\,\mathrm{dB}$ となる．遮断周波数（6章を参照）は，$1/T = 0.1\,\mathrm{rad/s}$ となる． ■

4.4.4　2次遅れ要素

2次遅れ要素の周波数伝達関数は，つぎのようになる．

$$G(j\omega) = \frac{\omega_n^2}{(j\omega)^2 + 2\zeta\omega_n(j\omega) + \omega_n^2} = \frac{\omega_n^2}{(\omega_n^2 - \omega^2) + j(2\zeta\omega_n\omega)} \tag{4.50}$$

周波数伝達関数は，$\omega \ll \omega_n$ では $G(j\omega) \approx 1$，$\omega \gg \omega_n$ では $G(j\omega) \approx \omega_n^2/(j\omega)^2$ と近似できるので，ゲイン特性と位相特性を以下のように近似することができる．

$$20\log|G(j\omega)| \begin{cases} \approx 0\,\mathrm{dB} & \omega \ll \omega_n \\ = 20\log\left|\dfrac{1}{2\zeta}\right|\mathrm{dB} & \omega = \omega_n \\ \approx -40\log\left|\dfrac{\omega}{\omega_n}\right|\mathrm{dB} & \omega \gg \omega_n \end{cases} \tag{4.51}$$

$$\angle G(j\omega) \begin{cases} \approx 0° & \omega \ll \omega_n \\ = -90° & \omega = \omega_n \\ \approx -180° & \omega \gg \omega_n \end{cases} \tag{4.52}$$

4.4 ボード線図

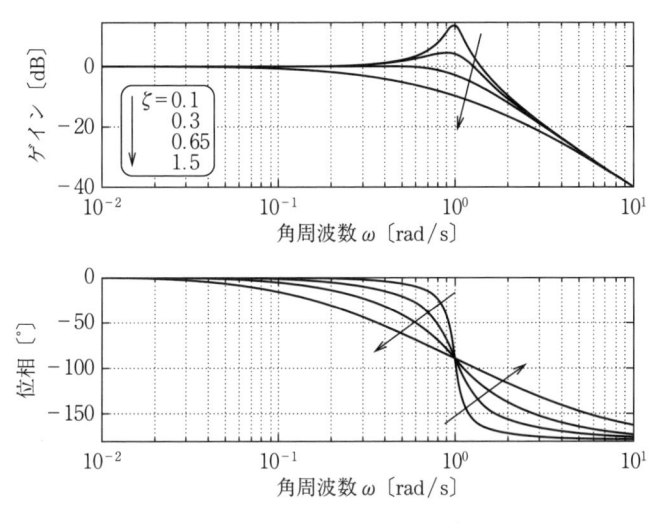

図4.21 2次遅れ要素のボード線図

いくつかのζに対する2次遅れ要素のボード線図を図4.21に示す。

例題4.7***★ 図1.22の1自由度サスペンションモデルにおいて，路面の変位z_0から車体の変位zまでの伝達関数を求め，質量$m = 250\,\mathrm{kg}$，サスペンションのばね定数$k = 10\,\mathrm{kN/m}$，減衰係数$c = 632\,\mathrm{N\,s/m}$の自動車に対するボード線図を描け。

【解答】 路面の変位z_0から車体の変位zまでの伝達関数は

$$G(s) = \frac{cs + k}{ms^2 + cs + k} = \frac{2\zeta\omega_n s + \omega_n^2}{s^2 + 2\zeta\omega_n s + \omega_n^2} \tag{4.53}$$

となる。ここで$\omega_n = \sqrt{k/m}$，$\zeta = c/(2\sqrt{mk})$である。したがって，サスペンションのばね定数を$k = 10\,\mathrm{kN/m}$，減衰係数を$632\,\mathrm{N\,s/m}$とした場合，$\omega_n = 6.32\,\mathrm{rad/s}$，$\zeta = 0.2$となる。

周波数伝達関数は

$$G(j\omega) = \frac{\omega_n^2 + j(2\zeta\omega_n\omega)}{(\omega_n^2 - \omega^2) + j(2\zeta\omega_n\omega)} \tag{4.54}$$

となり，ゲインと位相はつぎのように求められる。

$$|G(j\omega)| = \sqrt{\frac{\omega_n^4 + (2\zeta\omega_n\omega)^2}{(\omega_n^2 - \omega^2)^2 + (2\zeta\omega_n\omega)^2}} \tag{4.55}$$

90   4. 周波数応答

$$\angle G(j\omega) = -\tan^{-1}\left\{\frac{2\zeta\omega_n\omega^3}{\omega_n^2(\omega_n^2-\omega^2)+(2\zeta\omega_n\omega)^2}\right\} \tag{4.56}$$

図 4.22 に，ボード線図を示す。

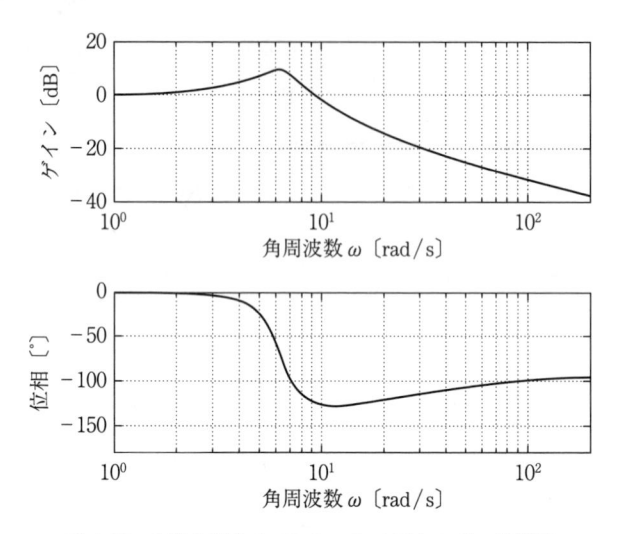

図 4.22 1 自由度サスペンションモデルのボード線図

上下 2 自由度サスペンションにおいては，前述のとおり z_0 から z_2 までの伝達関数は，つぎのようになる。

$$G_2(s) = \frac{2\zeta\omega_1^2\omega_2 s + \omega_1^2\omega_2^2}{s^4 + 2(1+\mu)\zeta\omega_2 s^3 + \{\omega_1^2+(1+\mu)\omega_2^2\}s^2 + 2\zeta\omega_1^2\omega_2 s + \omega_1^2\omega_2^2} \tag{2.16}$$

周波数伝達関数を用いて，ゲインと位相はつぎのとおり求められる。

$$|G_2(j\omega)| = \left|\frac{Z_2(j\omega)}{Z_0(j\omega)}\right| \tag{4.57}$$

$$\angle |G_2(j\omega)| = \tan\phi_2 = \frac{\text{Im}\{G_2(j\omega)\}}{\text{Re}\{G_2(j\omega)\}} \tag{4.58}$$

4.4 ボード線図

例題 4.8**★** 図 1.24 の 2 自由度サスペンションモデルの路面変位 z_0 に対するばね上変位のボード線図を求めよ。ただし，ばね上質量 $m_2 = 250$ kg，ばね下質量 $m_1 = 25$ kg，ばね定数 $k_2 = 10$ kN/m，$k_1 = 100$ kN/m，減衰比，$\zeta = 0, 0.2, 0.5, 1.0$ として比較する。

[解答] 2 自由度サスペンションモデルのボード線図を**図 4.23** に示す。

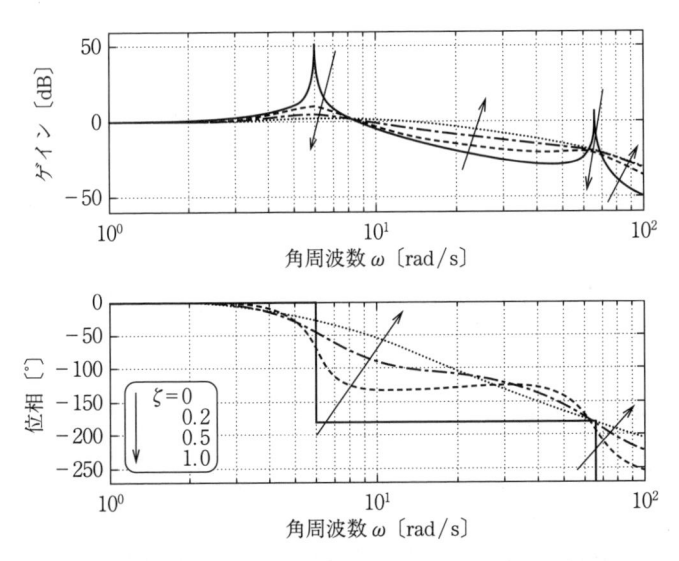

図 4.23 2 自由度サスペンションモデルのボード線図

図より，減衰比が増加すると，ばね上変位の共振振動数付近でのゲインのピーク値は低下する。一方，それよりも高周波数域でゲインは上がり振動が増大する。また，減衰比の変化に関わらずゲインに変化がない定点が 3 点存在する。 ■

例題 4.9**★** 例題 2.5 で示した自動車の横方向の運動モデルについてボード線図を求めよ（車両パラメータは例題 3.13 を参照）。ただし，入力は操舵角 δ として，出力は横加速度 $\ddot{y}$，およびヨーレイト（ヨー角速度）$\dot{\phi}$ とする。

[解答] 操舵角から横加速度までの伝達関数は,例題2.5で示した,操舵角から横変位までの伝達関数に s^2 をかければよいので,以下のようになる.

$$\frac{s^2 y(s)}{\delta(s)} = \frac{2IVC_f s^2 + 4C_f C_r l_r ls + 4VC_f C_r l}{mIVs^2 + \{2m(l_f^2 C_f + l_r^2 C_r) + 2I(C_f + C_r)\}s + \{4C_f C_r l^2/V - 2mV(l_f C_f - l_r C_r)\}} \tag{4.59}$$

同様に,操舵角からヨーレイトまでの伝達関数は,式(2.26)で示した,操舵角からヨー角までの伝達関数に s をかけることにより,以下のように表せる.

$$\frac{s\phi(s)}{\delta(s)} = \frac{2mVl_f C_f s + 4C_f C_r l}{mIVs^2 + \{2m(l_f^2 C_f + l_r^2 C_r) + 2I(C_f + C_r)\}s + \{4C_f C_r l^2/V - 2mV(l_f C_f - l_r C_r)\}} \tag{4.60}$$

これらの伝達関数より,周波数応答を計算すると,ボード線図は**図4.24**(次ページに掲載)のようになる. ■

4.4.5 結合した要素

これまでに取り上げた要素の他に,比例要素,むだ時間要素,1次進み要素も含めて**表4.2**にまとめる.

要素を n 個直列結合した伝達関数 $G(s) = G_1(s)G_2(s)\cdots G_n(s)$ のボード線図のゲインと位相は

表4.2 基本的な要素

	伝達関数	周波数伝達関数	ゲイン	位相値	時間応答
比例要素	K	K	$\|G(j\omega)\| = K$	$\angle\|G(j\omega)\| = 0°$	$y(t) = Ku(t)$
微分要素	s	$j\omega$	$\|G(j\omega)\| = \omega$	$\angle\|G(j\omega)\| = 90°$	$y(t) = \frac{d}{dt}\{u(t)\}$
積分要素	$\frac{1}{s}$	$\frac{1}{j\omega} = -j\frac{1}{\omega}$	$\|G(j\omega)\| = \frac{1}{\omega}$	$\angle\|G(j\omega)\| = -90°$	$y(t) = \int u(t)\,dt$
むだ時間要素	e^{-Ls}	$e^{-j\omega L}$	$\|G(j\omega)\| = 1$	$\angle\|G(j\omega)\| = -\omega L$	$y(t) = u(t-L)$
1次遅れ要素	$\frac{1}{Ts+1}$	$\frac{1}{j\omega T+1}$	$\|G(j\omega)\| = \frac{1}{\sqrt{1+(\omega T)^2}}$	$\angle\|G(j\omega)\| = -\tan^{-1}(\omega T)$	$y(t) = \left(1-e^{-\frac{1}{T}}\right)u(t)$
1次進み要素	$Ts+1$	$j\omega T+1$	$\|G(j\omega)\| = \sqrt{1+(\omega T)^2}$	$\angle\|G(j\omega)\| = \tan^{-1}(\omega T)$	$y(t) = u(t) + T\frac{d}{dt}\{u(t)\}$

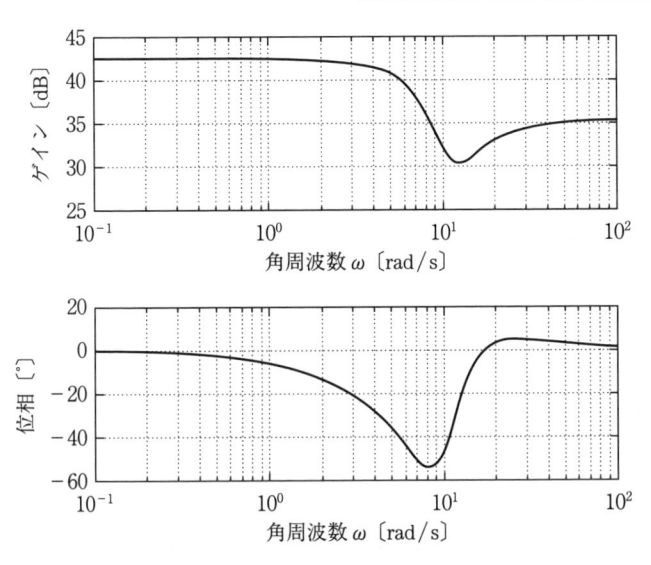

(a) 操舵角に対する横加速度のボード線図

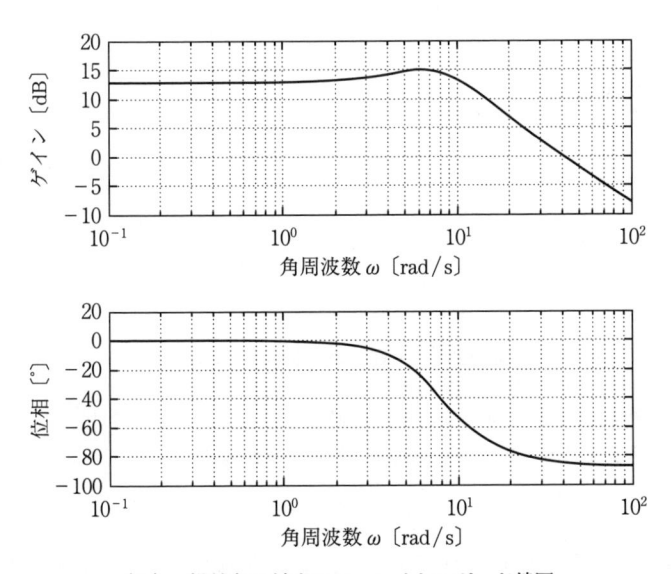

(b) 操舵角に対するヨーレイトのボード線図

図 4.24 自動車の横方向の運動モデルのボード線図

$$20\log_{10}|G(j\omega)| = 20\log_{10}|G_1(j\omega)| + 20\log_{10}|G_2(j\omega)| + \cdots + 20\log_{10}|G_n(j\omega)| \tag{4.61}$$

$$\angle G(j\omega) = \angle G_1(j\omega) + \angle G_2(j\omega) + \cdots + \angle G_n(j\omega) \tag{4.62}$$

となるので，おのおのの要素のボード線図を図上で加え合わせることによって，全体のボード線図を簡単に求めることができる．

例題 4.10* 章末問題 3.4 で示したウォッシュアウトフィルタの伝達関数のゲイン線図を折れ線近似によって描け．

$$G(s) = \frac{\tau s}{\tau s + 1} \tag{4.63}$$

[解答] $G_1(s) = 1/(\tau s + 1)$, $G_2(s) = \tau s$ として，それぞれのボード線図の近似を考える．$G_1(s)$ は 1 次遅れ要素，$G_2(s)$ を微分要素として**図 4.25** のように折れ線で近似する．伝達関数 $G(s)$ のゲイン線図は，$G_1(s)$，$G_2(s)$ のゲイン線図を図上で加え合わせて得られる．

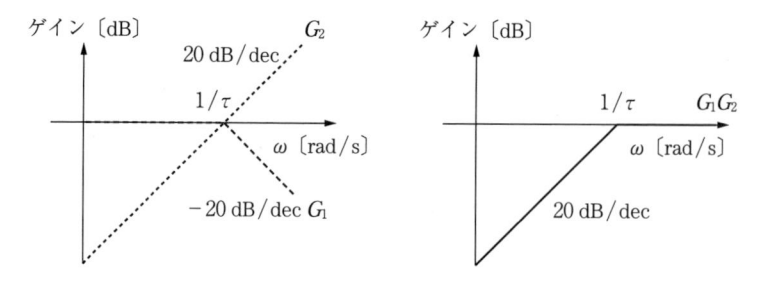

図 4.25 折れ線近似によるゲイン線図

この伝達関数は，高い周波数の信号を通過させ，低い周波数の信号を遮断するので**ハイパスフィルタ**（high-pass filter）とも呼ばれる． ■

例題 4.11***★ 式 (1.57) で示した高度 40 000 ft を 774 ft/s（マッハ 0.8）で飛行する Boeing 747 の昇降舵からピッチ角までの伝達関数は次式で与えられる．

4.4 ボード線図

$$G(s) = \frac{\Delta\theta(s)}{\Delta\delta_e(s)} = \frac{-1.158(s+0.011)(s+0.295)}{(s^2+0.003s+0.002)(s^2+0.747s+0.931)}$$

(4.64)

この伝達関数のボード線図を求めよ。

[解答] 伝達関数は，一つの比例要素，二つの2次遅れ要素と二つの1次進み要素[†]からなっている。ボード線図は図4.26のようになる。

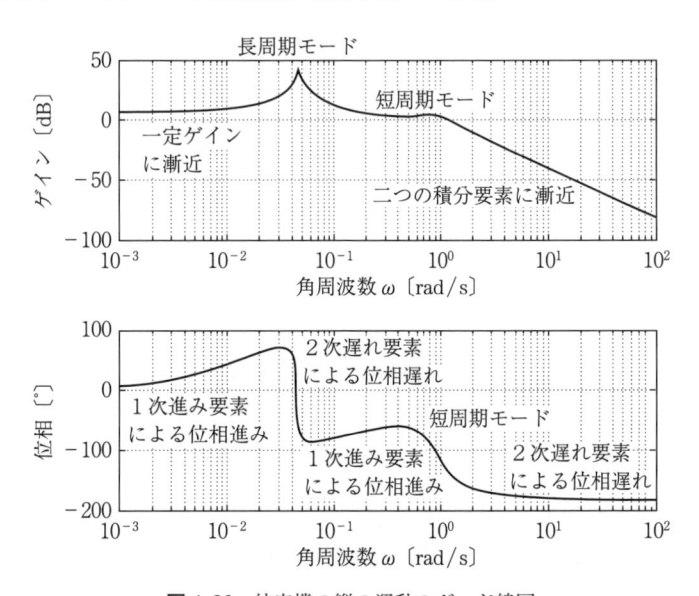

図4.26 航空機の縦の運動のボード線図

図のゲイン線図において，二つのピークがみられるが，低い周波数のピークは長周期の固有角周波数 $\omega_{np} = \sqrt{0.002} \approx 0.045\,\mathrm{rad/s}$ 付近にあり，また，高い周波数のピークは短周期モードの固有角周波数 $\omega_{ns} = \sqrt{0.931} \approx 0.965\,\mathrm{rad/s}$ 付近にある。低い周波数領域では，$s = j\omega \approx 0$ と近似できるので，定常ゲインは $20\log_{10}|G(0)| = 20\log_{10}|(-1.158 \times 0.011 \times 0.295)/(0.002 \times 0.931)| = 6.1\,\mathrm{dB}$，位相は $\angle G(0) = 0°$ に漸近する。一方，高い周波数領域では，$G(s) \approx s^2/s^4 = 1/s^2 = (1/s) \times (1/s)$ と二つの積分要素を直列結合したものとして近似できるので，ゲインは傾きが $-40\,\mathrm{dB/dec}$ の直線に漸近し，位相は $-180°$ に漸近することがわかる。■

[†] 伝達関数が $Ts+1$ となる要素を1次進み要素という。ゲイン線図，位相線図は1次遅れ要素に対して，0 dB，0°の軸に関して上下対称の図になる。

章 末 問 題

4.1* 正弦波入力 $u(t) = \sin 2t$ に対する1次遅れ要素 $G(s) = 1/(3s+1)$ の定常応答を求めよ。

4.2* むだ時間要素 $G(s) = e^{-Ls}$ のゲイン特性と位相特性を求めよ。

4.3* 2次遅れ要素に正弦波を入力する。ゲインが最大となる角周波数を求めよ。

4.4* 要素を n 個直列結合した伝達関数 $G(s) = G_1(s)G_2(s)\cdots G_n(s)$ のボード線図のゲインと位相は

$$20\log_{10}|G(j\omega)| = 20\log_{10}|G_1(j\omega)| + 20\log_{10}|G_2(j\omega)| + \cdots + 20\log_{10}|G_n(j\omega)|$$

$$\angle G(j\omega) = \angle G_1(j\omega) + \angle G_2(j\omega) + \cdots + \angle G_n(j\omega)$$

となることを示せ。

4.5*★** 例題4.6で取り上げた自動車の前後方向の運動について，以下のように変化させた場合について考察せよ。

（1） 減衰係数を 100 N s/m から 75 N s/m，50 N s/m と減らすと，ボード線図はどのように変化するか。

（2） 質量を 1 000 kg から 750 kg，500 kg と減少させた場合，ボード線図はどのように変化するか。

4.6*★** 例題4.7で示した，自動車の上下運動について，質量 $m = 250$ kg の車両に対するボード線図を以下の条件で描け。

（1） サスペンションのばね定数を $k = 10$ kN/m，減衰係数を $c = 63.2$, 632, 3 160, 6 320 N s/m とする。

（2） サスペンションの減衰係数を $c = 632$ N s/m，ばね定数を $k = 2.5$, 10, 40 kN/m とする。

4.7**★** 図1.24の2自由度サスペンションモデルの路面変位 z_0 に外乱が印加された際の車体の挙動を検討する。ばね上質量 $m_2 = 250$ kg，ばね下質量 m_1

$=25$ kg, ばね定数 $k_2=10$ kN/m　$k_1=100$ kN/m　減衰比 $\zeta=0, 0.2, 0.5, 1.0$ として比較する。

（1）サスペンションの底付きを避けるため，ばね上－ばね下質量の相対変位を確認する必要がある。相対変位 z_2-z_1 の周波数応答を求めよ。

（2）サスペンションの路面への悪影響を避けるため，ばね下質量の変位 z_1 の周波数応答を求めよ。

4.8**★**　例題 2.4 の上下・ピッチングの 2 自由度振動モデルにおいて，前輪のばね下から外乱変位が入力された際の車体重心の上下変位の周波数応答と，重心まわりのピッチ角の周波数応答を求めよ。ただし，車体質量 $m=250$ kg，車体ピッチ慣性モーメント $I_p=25$ kgm^2，ばね係数 $k_f=k_r=10$ kN，減衰係数 $c_f=c_r=100$ N s/m，重心と車軸との距離 $l_f=l_r=1.2$ m とする。

4.9**★**　例題 4.9 で取り上げた自動車の横運動について，速度を 10 m/s（36 km/h）から 50 m/s（180 km/h）まで 10 m/s ずつ増加させた場合の，操舵角から横加速度およびヨーレイトまでのボード線図を作成せよ。

5 フィードバック制御系の安定性

これまでは時間領域や周波数領域におけるシステム単体の特性について調べてきた。本章では，制御対象と制御器からなる閉ループ系の安定性について説明する。フィードバック制御の基本形態，特性方程式と特性根についてはじめに述べ，いくつかの安定判別法について説明する。最後に根軌跡と内部安定について述べる。

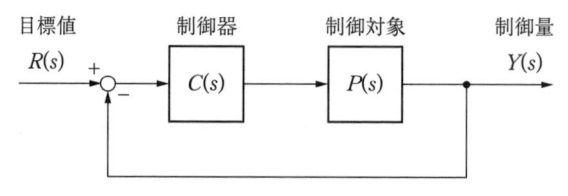

5.1 フィードバック制御

フィードバック制御（feedback control）の目的は，システムの制御したい量を目標の値に一致させることである。そのため図5.1のブロック線図に示すようなフィードバック制御系を考える。ここで，$P(s)$ は**制御対象**（plant）の伝達関数である。$C(s)$ は**制御器**（controller）の伝達関数である。また，入力である $R(s)$ を**目標値**（reference）といい，出力である $Y(s)$ を**制御量**（controlled variable）という。また別の表現方法として，図5.2に示すフィードバック制御系の表現もある。ここで，$D(s)$ は制御対象に作用する**外乱**（disturbance）である。

図5.1 フィードバック制御系（1）

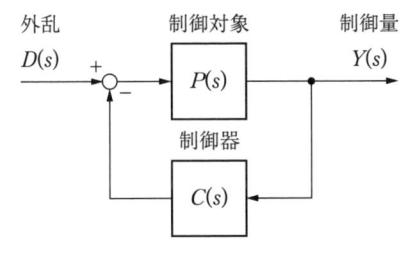

図 5.2　フィードバック制御系（2）

5.2　特性方程式および特性根

図 5.1 に示すフィードバック制御系の閉ループ伝達関数（目標値 $R(s)$ から制御量 $Y(s)$ までの伝達関数）は

$$G(s) = \frac{Y(s)}{R(s)} = \frac{P(s)C(s)}{1+P(s)C(s)} \tag{5.1}$$

と表される。式 (5.1) の分母 = 0，すなわち

$$1+P(s)C(s) = 0 \tag{5.2}$$

は特性方程式であり，s の多項式となる。この方程式の解(極) $s = s_1, s_2, \cdots, s_n$ を**特性根**（characteristic root）ともいう。フィードバック制御系が安定であるためには，特性方程式 $1+P(s)C(s)=0$ の根がすべて複素平面上の左半面に存在する（すべての特性根の実部が負である）必要がある（図 3.29 参照）。また，ループを一巡したときの伝達関数は $P(s)C(s)$（$=L(s)$ と記す）となるので，この伝達関数を**一巡伝達関数**（loop transfer function）と呼ぶ。

5.3　安定判別法

特性根を求めることなく，特性方程式の係数より代数的に安定性を判別する方法が，ラウス（Routh）とフルビッツ（Hurwitz）によって考案されている。以下にその判別法を述べる。

5.3.1 ラウスの判別法

制御系の特性方程式は，一般に s の n 次多項式として表される。

$$a_n s^n + a_{n-1} s^{n-1} + \cdots + a_1 s + a_0 = 0 \tag{5.3}$$

この方程式の係数から，つぎの**ラウス表**（Routh table）を作成する。

s^n	R_{11}	R_{12}	R_{13}	R_{14}	$\cdots$
s^{n-1}	R_{21}	R_{22}	R_{23}	R_{24}	$\cdots$
s^{n-2}	R_{31}	R_{32}	R_{33}	R_{34}	$\cdots$
s^{n-3}	R_{41}	R_{42}	R_{43}	R_{44}	$\cdots$
$\vdots$	$\vdots$	$\vdots$	$\vdots$	$\vdots$	$\vdots$
s^2	$R_{n-1\,1}$	$R_{n-1\,2}$	0		
s	R_{n1}	0			
s^0	$R_{n+1\,1}$	0			

ここで，s^n と s^{n-1} の行の係数をつぎのように代入する。

$$R_{11} = a_n,\ R_{12} = a_{n-2},\ R_{13} = a_{n-4},\ \cdots$$

$$R_{21} = a_{n-1},\ R_{22} = a_{n-3},\ R_{23} = a_{n-5},\ \cdots \tag{5.4}$$

s^{n-2} 以降の行はつぎのように作成する。

$$R_{31} = \frac{R_{21} R_{12} - R_{11} R_{22}}{R_{21}},\ R_{32} = \frac{R_{21} R_{13} - R_{11} R_{23}}{R_{21}},\ \cdots$$

$$R_{41} = \frac{R_{31} R_{22} - R_{21} R_{32}}{R_{31}},\ R_{42} = \frac{R_{31} R_{23} - R_{21} R_{33}}{R_{31}},\ \cdots \tag{5.5}$$

第1列目 $R_{11},\ R_{21},\ \cdots,\ R_{n+1\,1}$ をラウス数列という。

ラウスの安定判別

特性方程式の係数とラウス数列に対して，つぎの二つの条件が満足されれば，その制御系は安定である。

（1） 特性方程式の係数 $a_n,\ a_{n-1},\ \cdots,\ a_0$ がすべて正である。

（2） ラウス数列 $R_{11},\ R_{21},\ \cdots,\ R_{n+1\,1}$ がすべて正である。

例題 5.1* 特性方程式が次式で与えられるとき，この系の安定性をラウスの判別法で調べよ。

$$s^5 + 3s^4 + 2s^3 + s^2 + 3s + 2 = 0 \tag{5.6}$$

解答 特性方程式よりラウス表は

$$\begin{array}{c|ccc}
s^5 & 1 & 2 & 3 \\
s^4 & 3 & 1 & 2 \\
s^3 & \dfrac{5}{3} & \dfrac{7}{3} & 0 \\
s^2 & -\dfrac{16}{5} & 2 & \\
s & \dfrac{27}{8} & 0 & \\
s^0 & 2 & &
\end{array}$$

となる。よって，ラウス数列に負があるためこの系は不安定である。■

例題 5.2* 図 5.3 のフィードバック制御系において，この系が安定となる K の範囲を，ラウスの判別法により求めよ。

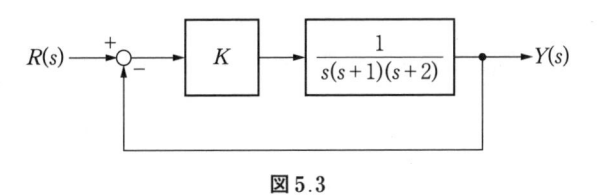

図 5.3

解答 特性方程式は

$$1 + K\frac{1}{s(s+1)(s+2)} = 0 \tag{5.7}$$

より

$$s^3 + 3s^2 + 2s + K = 0 \tag{5.8}$$

と求まる。これより，ラウス表は

$$\begin{array}{c|cc}
s^3 & 1 & 2 \\
s^2 & 3 & K \\
s & \dfrac{6-K}{3} & \\
s^0 & K &
\end{array}$$

となる。よって，この系が安定となる K の範囲は
$$0 < K < 6 \tag{5.9}$$
である。　∎

5.3.2　フルビッツの判別法

式 (5.3) の特性方程式の係数からつぎの行列を作る。

$$H = \begin{bmatrix} a_{n-1} & a_{n-3} & a_{n-5} & a_{n-7} & \cdots & 0 \\ a_n & a_{n-2} & a_{n-4} & a_{n-6} & \cdots & 0 \\ 0 & a_{n-1} & a_{n-3} & a_{n-5} & \cdots & 0 \\ 0 & a_n & a_{n-2} & a_{n-4} & \cdots & 0 \\ \vdots & \vdots & \vdots & \vdots & \ddots & 0 \\ 0 & \cdots & \cdots & \cdots & a_2 & a_0 \end{bmatrix} \tag{5.10}$$

この行列 H より，つぎの小行列式を求める。

$$H_1 = a_{n-1}, \quad H_2 = \begin{vmatrix} a_{n-1} & a_{n-3} \\ a_n & a_{n-2} \end{vmatrix}, \quad H_3 = \begin{vmatrix} a_{n-1} & a_{n-3} & a_{n-5} \\ a_n & a_{n-2} & a_{n-4} \\ 0 & a_{n-1} & a_{n-3} \end{vmatrix}, \cdots, H_n = |H| \tag{5.11}$$

フルビッツの安定判別

特性方程式の係数と小行列式に対して，つぎの二つの条件が満足されれば，その制御系は安定である。

（1）　特性方程式の係数 $a_n, a_{n-1}, \cdots, a_0$ がすべて正である。

（2）　小行列式 $H_1, H_2, \cdots, H_n$ がすべて正である。

例題 5.3*　特性方程式が次式で与えられるとき，この系の安定性をフルビッツの判別法で調べよ。

$$s^5 + 3s^4 + 2s^3 + s^2 + 3s + 2 = 0 \tag{5.12}$$

【解答】　特性方程式より行列 H は

$$H = \begin{bmatrix} 3 & 1 & 2 & 0 & 0 \\ 1 & 2 & 3 & 0 & 0 \\ 0 & 3 & 1 & 2 & 0 \\ 0 & 1 & 2 & 3 & 0 \\ 0 & 0 & 3 & 1 & 2 \end{bmatrix} \tag{5.13}$$

となるので，小行列式は

$$H_1 = 3, \quad H_2 = \begin{vmatrix} 3 & 1 \\ 1 & 2 \end{vmatrix} = 5, \quad H_3 = \begin{vmatrix} 3 & 1 & 2 \\ 1 & 2 & 3 \\ 0 & 3 & 1 \end{vmatrix} = -16,$$

$$H_4 = \begin{vmatrix} 3 & 1 & 2 & 0 \\ 1 & 2 & 3 & 0 \\ 0 & 3 & 1 & 2 \\ 0 & 1 & 2 & 3 \end{vmatrix} = -54, \quad H_5 = \begin{vmatrix} 3 & 1 & 2 & 0 & 0 \\ 1 & 2 & 3 & 0 & 0 \\ 0 & 3 & 1 & 2 & 0 \\ 0 & 1 & 2 & 3 & 0 \\ 0 & 0 & 3 & 1 & 2 \end{vmatrix} = -108 \tag{5.14}$$

となる。よって，小行列式に負があるので，この系は不安定である。■

例題 5.4[*] 図5.3のフィードバック制御系において，この系が安定となる K の範囲を，フルビッツの判別法により求めよ。

[解答] 特性方程式は

$$s^3 + 3s^2 + 2s + K = 0 \tag{5.15}$$

と求まる。これより，行列 H は

$$H = \begin{bmatrix} 3 & K & 0 \\ 1 & 2 & 0 \\ 0 & 3 & K \end{bmatrix} \tag{5.16}$$

となるので，小行列式は，$H_1 = 3$, $H_2 = 6 - K$, $H_3 = K(6 - K)$ となる。よって，この系が安定となる K の範囲は

$$0 < K < 6 \tag{5.17}$$

である。■

5.3.3 ナイキストの判別法

ラウスやフルビッツの判別法は，制御系が高次の場合には手間が多くかか

り，実用的ではない．また，安定か不安定かの判別はできるが，安定の度合いがどの程度かはこれらの判別法ではわからない．そこで，一巡伝達関数 $L(s) = P(s)C(s)$ の周波数応答を用いて，安定性を図的に判別する方法について説明する．

一般的な，ナイキスト（Nyquist）の判別法はつぎのようなものである．

一般的なナイキストの判別法

（1） 一巡伝達関数のベクトル軌跡を $\omega = -\infty \sim +\infty$ の範囲で描く．このベクトル軌跡を**ナイキスト線図**（Nyquist diagram）と呼ぶ．

（2） ベクトル軌跡が $(-1, 0j)$ の点のまわりを反時計方向に回転する数を調べ，Z とする．

（3） 一巡伝達関数の極で実部が正となるものの数を N とする．

（4） $Z = N$ なら制御系は安定，$Z \neq N$ ならば制御系は不安定となる．

実際の制御系では，一巡伝達関数の実部が正でないことが多い．このとき $N = 0$ がつねに成立するため，ナイキストの判別法はつぎのように簡単化することができる．

簡単化したナイキストの判別法

（1） 一巡伝達関数の極に，実部が正となるものがないことを確認する．

（2） 一巡伝達関数のベクトル軌跡を $\omega = 0 \sim +\infty$ の範囲で描く．

（3） ベクトル軌跡が $(-1, 0j)$ の点をつねに左にみれば安定，右にみれば不安定となる．

例えば，**図5.4**に示したベクトル軌跡が得られたとすると，簡単化したナイキストの判別法では，つぎのようにして安定判別を行う．

（1） $\angle L(j\omega) = -180°$ となる角周波数 ω において

・$|L(j\omega)| < 1$　$(20\log|L(j\omega)| < 0 \text{ dB})$　であれば　安定（ベクトル軌跡 A）

・$|L(j\omega)| = 1$　$(20\log|L(j\omega)| = 0 \text{ dB})$　であれば　安定限界（ベクトル軌跡 B）

・$|L(j\omega)| > 1$　$(20\log|L(j\omega)| > 0 \text{ dB})$　であれば　不安定（ベクトル軌跡 C）

（2） $|L(j\omega)| = 1$　$(20\log|L(j\omega)| = 0 \text{ dB})$ となる角周波数 ω において

5.3 安定判別法

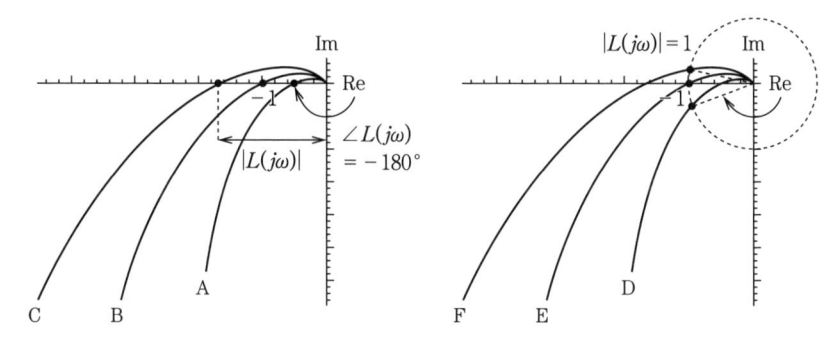

図5.4 簡単化したナイキストの判別法

- $\angle L(j\omega) < -180°$ であれば 安定（ベクトル軌跡 D）
- $\angle L(j\omega) = -180°$ であれば 安定限界（ベクトル軌跡 E）
- $\angle L(j\omega) > -180°$ であれば 不安定（ベクトル軌跡 F）

ナイキストの判別法を用いると，**図5.5**に示すように，ボード線図から直接安定性を判別することが可能になる．すなわち，ゲインをあとどれくらい増やすと不安定になるか（**ゲイン余裕**（gain margin）），位相があとどれくらい遅れると不安定になるか（**位相余裕**（phase margin））を読み取ることができる．ゲイン余裕，位相余裕は制御系設計ツールを用いると容易に求めることができる[†]．

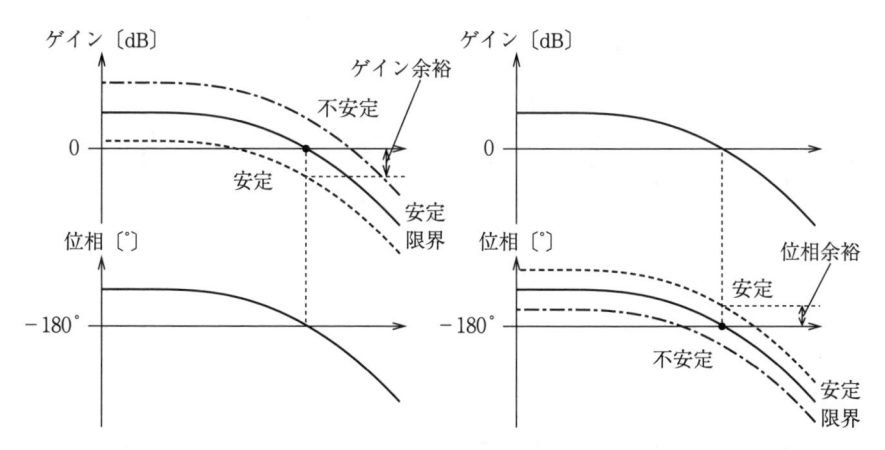

図5.5 ボード線図による安定判別

[†] MATLAB の Control System Toolbox では，margin を使用．

例題 5.5* 図 5.3 の制御系において
(1) K が安定となる範囲をナイキストの判別法により求めよ。
(2) $K=1$ の場合のゲイン余裕，位相余裕を求めよ。

[解答]

(1) 一巡伝達関数は

$$L(s) = \frac{K}{s(s+1)(s+2)} \tag{5.18}$$

であり，一巡伝達関数の極に，実部が正となるものがないので，簡単化したナイキストの判別法が適用できる。

一巡伝達関数の周波数伝達関数は

$$L(j\omega) = \frac{K}{j\omega(j\omega+1)(j\omega+2)} = \frac{K}{-3\omega^2 + j\omega(2-\omega^2)} \tag{5.19}$$

となる。式 (5.19) をみると，$\omega = \sqrt{2}$ のとき $L(\sqrt{2}j) = -K/6$ となることがわかる。したがって，ベクトル軌跡が $(-1, 0j)$ の点をつねに左にみるためには，次式が成立する必要がある。

$$|L(\sqrt{2}j)| = |-K/6| = K/6 < 1 \tag{5.20}$$

したがって，K が安定となる範囲は

$$0 < K < 6 \tag{5.21}$$

となる（**図 5.6**）。

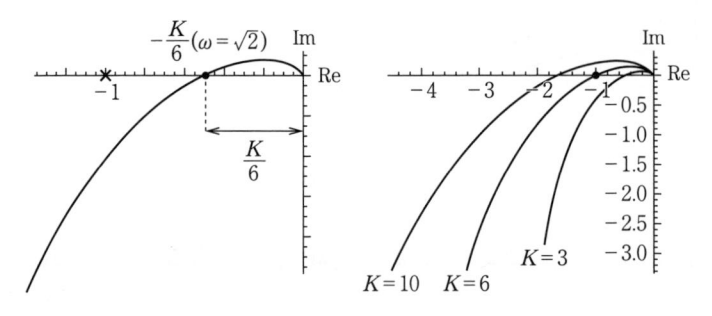

図 5.6 図 5.3 の制御系のベクトル軌跡

(2) $K=1$ の場合のボード線図は，**図 5.7** のようになる。ボード線図から，ゲイン余裕と位相余裕を読み取ると，ゲイン余裕が 15.6 dB，位相余裕が 53.4° であることがわかる。

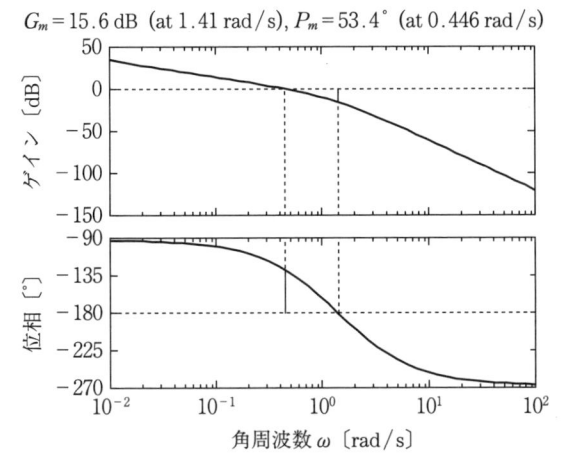

$G_m = 15.6$ dB (at 1.41 rad/s), $P_m = 53.4°$ (at 0.446 rad/s)

図5.7 ゲイン余裕と位相余裕

5.4 根 軌 跡

3章で述べた極と応答の関係のとおり，系の安定性や過渡特性は閉ループ伝達関数の極，すなわち特性根（特性方程式の根）の配置に依存する．一巡伝達関数に含まれる一つのパラメータ K を 0 から ∞ まで変化させたときの特性根を複素平面上にプロットした軌跡を**根軌跡**（root locus）という．

根軌跡を用いることによって，パラメータ K を変化させたとき，制御系の安定性（過渡特性）がどのような影響を受けるかを調べることができる．

図 5.8 に示すように，制御対象 $P(s)$ に対して制御器を定数 K とするフィードバック制御系を考える．

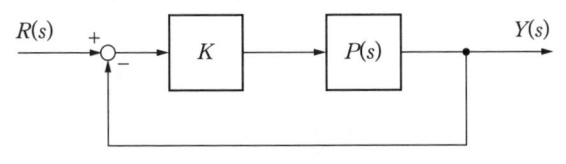

図5.8 フィードバック制御系

例えば，制御対象の伝達関数を

$$P(s) = \frac{1}{s(s+1)(s+2)} \tag{5.22}$$

とした場合の根軌跡を**図5.9**に示す。$K=6$で虚軸と交わるため，このフィードバック制御系は$K>6$で不安定となる。

根軌跡は，制御系設計ツールなどを利用することにより，容易に求めることができる[†]。

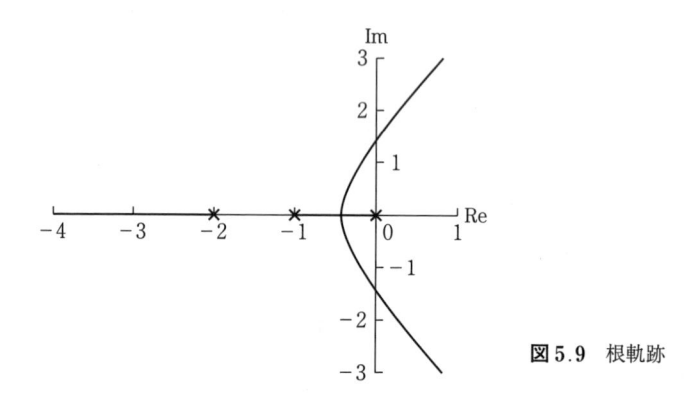

図5.9 根軌跡

5.5 フィードバック制御系の内部安定性

例題 5.6[*] **図5.10**に示すような，磁気浮上システムの制御を考える。

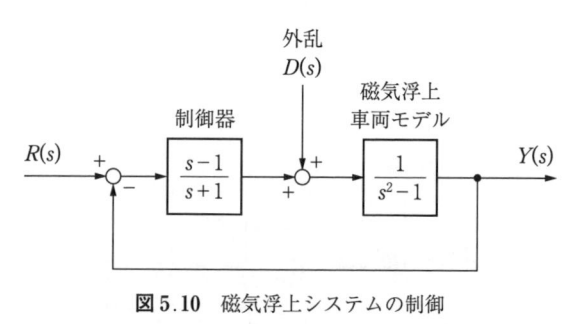

図5.10 磁気浮上システムの制御

[†] MATLABのControl System Toolboxでは，rlocusを使用。

5.5 フィードバック制御系の内部安定性

（1） $D(s) = 0$ として，$R(s)$ から $Y(s)$ までの伝達関数を求め，極を表示し，安定性を判別せよ。

（2） $R(s) = 0$ として，$D(s)$ から $Y(s)$ での伝達関数を求め，極を表示し，安定性を判別せよ。

解答

（1） $D(s) = 0$ とした場合，図 5.10 のブロック線図は**図 5.11** のようになる。

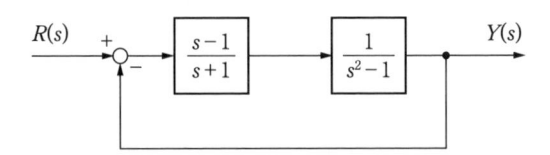

図 5.11 外乱 ($D(s)$) を 0 としたブロック線図

このブロック線図を簡単にすると，伝達関数は

$$G(s) = \frac{\frac{1}{(s+1)(s-1)} \times \frac{s-1}{s+1}}{1 + \frac{1}{(s+1)(s-1)} \times \frac{s-1}{s+1} \times 1} = \frac{1}{s^2 + 2s + 2}$$

となる。

極は $-1 \pm j$ に，すなわち複素平面の左半面に存在するので，安定である。

（2） $R(s) = 0$ とした場合，図 5.10 のブロック線図は**図 5.12** のようになる。

このブロック線図を簡単にすると，伝達関数は

$$G(s) = \frac{\frac{1}{(s+1)(s-1)}}{1 + \frac{1}{(s+1)(s-1)} \times \frac{s-1}{s+1}} = \frac{s+1}{(s-1)(s^2 + 2s + 2)}$$

となる。この伝達関数の極は，$-1 \pm j$，1 にあり，右半面に極が存在するため，不安定である。**図 5.13** に極を示す。

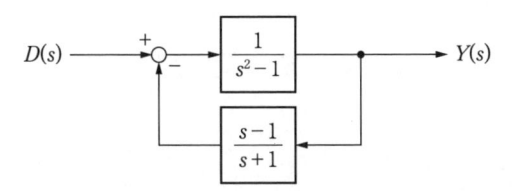

図 5.12 目標値 ($R(s)$) を 0 としたブロック線図

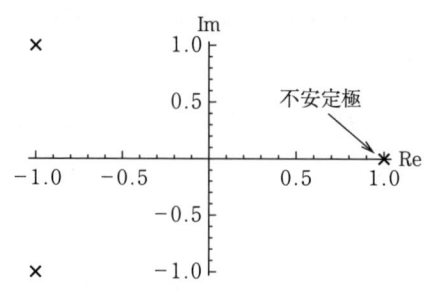

図5.13 磁気浮上システムの極

この例のように，目標値から出力までの伝達関数が安定であっても，外乱に対して不安定となる場合がある．この制御系の問題点は，不安定な極を不安定な零点で相殺（不安定な**極零相殺**（pole-zero cancellation））したことである．そこで，**内部安定性**（internal stability）とよばれる概念が必要になる．

図5.14において，四つの伝達関数 $X(s)/R(s)$, $Y(s)/R(s)$, $X(s)/D(s)$, $Y(s)/D(s)$ がすべて安定であるときフィードバック制御系は安定であり，この安定性を内部安定性と呼んでいる．

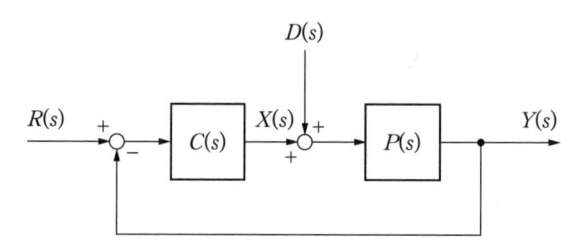

図5.14 フィードバック制御系の内部安定性

章 末 問 題

5.1* 特性方程式が次式で与えられるとき，この系の安定性を（1）ラウスの判別法，（2）フルビッツの判別法で調べよ．

$$s^3 + 20s^2 + 9s + 200 = 0$$

5.2* 4次の特性方程式

$$a_4 s^4 + a_3 s^3 + a_2 s^2 + a_1 s + a_0 = 0$$

を有するシステムが，安定となるための条件を求めよ．

5.3* 図5.1のフィードバック制御系において

$$P(s) = \frac{2}{s^3 + 3s^2 + 11s + 3}, \quad C(s) = \frac{K}{s}$$

のとき，この系が安定となる K の範囲を求めよ．

5.4* 問題図5.1の制御系において，

（1） K が安定となる範囲をナイキストの判別法により求めよ．

（2） $K=1$ の場合のゲイン余裕，位相余裕を求めよ．

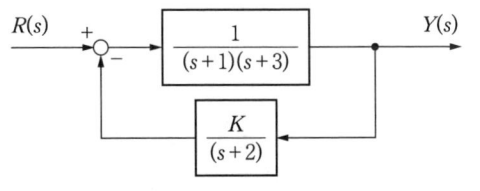

5.5*★ 図5.8のフィードバック制御系において

$$P(s) = \frac{1}{s(s^2 + s + 5)}$$

のときの根軌跡を描け．

問題図5.1

5.6*★** 問題図5.2に示す前後運動する自動車の速度制御系を考える．自動車の質量 $m = 1\,000$ kg，減衰係数は $c = 100$ N s/m とする．このときゲイン K を変化させたときの根軌跡を求めよ．

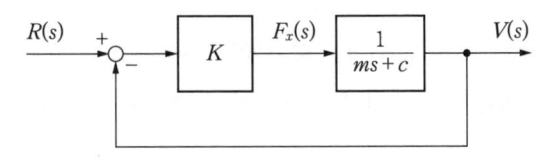

問題図5.2

6 フィードバック制御系の設計

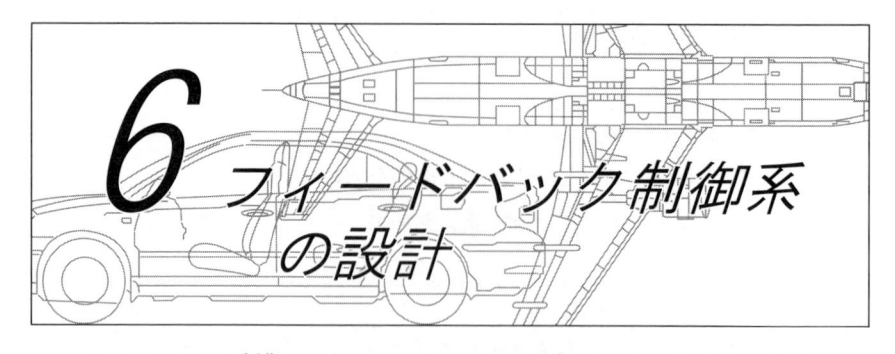

フィードバック制御の目的は，システムをただ安定化させるだけではなく，目標値への応答性を速くしたり，目標値との定常的な誤差をなくしたり，制御の目的により仕様を細かく設定する必要がある。本章では，時間領域および周波数領域において，制御系設計に必要な評価・設計法について説明する。

6.1 過渡特性による評価・設計

6.1.1 時間領域における過渡特性の評価

2次遅れ要素を含め，フィードバック制御系（閉ループ系）のインパルス応答やステップ応答において，応答が振動的になる場合，その応答を評価する必要がある。これは系自体の評価や制御結果の評価のための指標となるだけではなく，制御系設計時の設計仕様にもなり，重要である。

目標値 $r(t)$ が単位ステップで変化するとき，応答は**図 6.1** のように得られたとする。この応答を評価するための指標として，**表 6.1** に示すものが挙げられる。

立ち上がり時間 (rise time) t_r，**遅れ時間** (delay time) t_d，**行き過ぎ時間** (peak time) t_p は**速応性** (speed of response) の指標を与える。**オーバーシュート** (overshoot) O_s はパーセントオーバーシュート，最大行き過ぎ量ともいわれ，制御系の**減衰性** (damping) または**安定性** (relative stability) の指標である。**整定時間** (settling time) t_s は速応性と減衰性の両方に関係する特性値である。

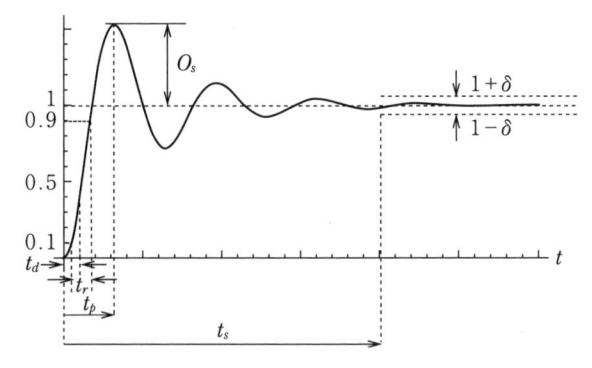

図 6.1 ステップ応答の評価指標

表 6.1 ステップ応答の特性値

特性値	記号	定　義
立ち上がり時間	t_r	ステップ応答の値が最終値（定常値）の 10% から 90% になるまでに要する時間（5% から 95% の場合もある）
遅れ時間	t_d	ステップ応答の値が最終値（定常値）の 50% に達するまでに要する時間
オーバーシュート量	O_s	最終値を超えた後，最初にとる極値の応答ピーク値と最終値との差（定常値に対する割合で示す）
行き過ぎ時間	t_p	ステップ応答開始から，最終値を超えた後，最初にとる極値に到達するまでの時間
整定時間	t_s	ステップ応答の値が，$y(t)=1\pm\delta$ の範囲内に収まるまでの時間。$\delta=0.01, 0.02, 0.05$ など割合を定義

6.1.2　ラプラス領域における過渡特性の評価

3.5.1 項「極と応答」において，2 次遅れ要素の極とインパルス応答を複素平面上で整理した（図 3.29）。制御を施した閉ループ伝達関数の極（特性根）においても同様に過渡応答を理解することができる。特に虚軸に近い負の実部をもつ絶対値の小さな特性根をもつ系では，この根は減衰が遅い特性を示し，インパルス応答やステップ応答などの過渡応答に大きな影響を与え，支配的な特性となる。つまり，閉ループ伝達関数の特性根のうち減衰の遅いモードに対応した特性根を代表特性根または**代表極**（dominant poles）といい，それらによって高次の過渡応答を近似的に表現することが可能である。したがって，**図**

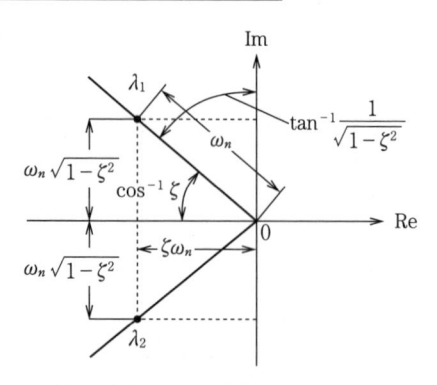

図6.2 2次遅れ要素の減衰比 ζ，固有角周波数 ω_n と特性根 λ_1，λ_2 の関係

6.2より2次遅れ要素の減衰比 ζ は減衰性（安定性）の指標であり，固有角周波数 ω_n は速応性の指標を与える．

例題6.1★★ つぎの系の減衰比 ζ と固有角周波数 ω_n を求めよ．またこの系における単位ステップ応答時の行き過ぎ時間 t_p，オーバーシュート量 O_s を求めよ．

$$P(s) = \frac{1}{s^2 + s + 1} \tag{6.1}$$

解答 この系は式(3.50)に示した2次遅れ要素であり，分母多項式 $s^2 + 2\zeta\omega_n + \omega_n^2$ と比較し，減衰比 $\zeta = 0.5$，固有角周波数 $\omega_n = 1$ となる．

減衰比が1未満の不足減衰であることから，ステップ応答は式(3.70)を用いて次式となる．

$$y(t) = 1 - e^{-\zeta\omega_n t}\left(\cos\omega_d t + \frac{\zeta}{\sqrt{1-\zeta^2}}\sin\omega_d t\right), \quad \omega_d = \omega_n\sqrt{1-\zeta^2} \tag{6.2}$$

行き過ぎ時間 t_p：

出力 $y(t)$ を時間微分し，$dy(t)/dt = 0$ とする．

$$\left.\frac{dy(t)}{dt}\right|_{t=t_p} = e^{-\zeta\omega_n t_p}\frac{\omega_n}{\sqrt{1-\zeta^2}}\sin\omega_d t_p = 0 \tag{6.3}$$

$e^{-\zeta\omega_n t_p} \neq 0$ より $\sin\omega_d t_p = 0$ となる．したがって $\omega_d t_p = 0, \pi, 2\pi, 3\pi, \cdots$ となる．

$\therefore \quad t_p = \pi/\omega_d$

以上より，$t_p = \pi/\left(\omega_n\sqrt{1-\zeta^2}\right) \approx 3.63s$

オーバーシュート量 O_s :

$$O_s = y(t_p) - 1$$
$$= -e^{-\zeta\omega_n t_p}\left(\cos\omega_d t_p + \frac{\zeta}{\sqrt{1-\zeta^2}}\sin\omega_d t_p\right) \quad (6.4)$$

$t_p = \pi/(\omega_n\sqrt{1-\zeta^2})$ を代入すると，$O_s = e^{-\frac{\zeta}{\sqrt{1-\zeta^2}}\pi}$ となり，オーバーシュート量 O_s はζだけの関数であり減衰性を表している．

以上より，$O_s = e^{-\frac{\zeta}{\sqrt{1-\zeta^2}}\pi} \approx 0.16$ となる． ∎

6.1.3 周波数領域における過渡特性の評価

図 6.3 に示す閉ループ系の周波数特性として，ゲインの最大値（**ピークゲイン**（peak gain））を M_p で，このときの角周波数を ω_p で表す．ω_p を**共振周波数**（resonance frequency）という．またゲインが定常ゲイン $G(0)$ と等しくなる周波数 ω_c を**ゲインクロスオーバー周波数**（gain crossover frequency）という．閉ループ系のゲインにおいて，$\omega=0$ におけるゲインから 3 dB 下がる（振幅比では $1/\sqrt{2}$ 倍となる）角周波数 ω_b を遮断周波数または**帯域幅**（band width）という．

周波数応答のゲイン線図においては，閉ループ系の特性の差や制御の有無の差を，ゲイン最大値 M_p の大小関係で，減衰性（安定性）の指標として評価することができる．遮断周波数 ω_b とは，$|G(j\omega)|$ を低域通過フィルタ（**ローパス**

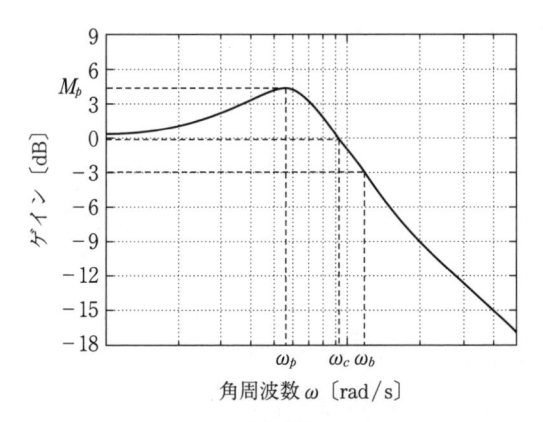

図 6.3 周波数特性の評価指標

フィルタ（low-pass filter））とみなしたとき，出力 $y(t)$ が周波数 ω_b まで入力に追従できることを意味している．したがって ω_b を大きくすると出力は高い周波数の入力まで追従できるようになる．したがって制御系の速応性に関係する．**表**6.2 に閉ループ系の周波数領域における特性値をまとめる．

表6.2　閉ループ系の周波数領域における特性値

特性値	記号	定義
遮断周波数 帯域幅（バンド幅）	ω_b	ゲイン $\|G(j\omega)\|$ が定常ゲイン $\|G(0)\|$ の $1/\sqrt{2}$ 倍（3 dB 低下）になる周波数
ゲインクロスオーバー周波数	ω_c	ゲイン $\|G(j\omega)\|$ が定常ゲイン $\|G(0)\|$ と等しくなる周波数
共振周波数	ω_p	ゲイン $\|G(j\omega)\|$ が最大値をとる周波数
ピークゲイン	M_p	ゲイン $\|G(j\omega)\|$ の最大値

（1）　ゲインの dB 表示

周波数応答のゲイン線図の縦軸は通常デシベル（dB）表示としている．デシベルとは無次元の単位で，ある物理量を基準となる量との比の対数で表すとき，対数として底が 10 である常用対数をとる場合の単位をさし，エネルギ比を表すために使用する．

入力の振幅 α と出力の振幅 β のゲイン（利得）を表す単位として用い，つぎの式より求められる．

$$G\,[\mathrm{dB}] = 10\log_{10}\left(\frac{\beta}{\alpha}\right)^2 = 20\log_{10}\frac{\beta}{\alpha} \tag{6.5}$$

ゲイン線図を比較した際，みための状況によっては，制御の効果の差が少ないなどと思われるかもしれない．しかし仮に制御によりゲインのピーク値 M_p が 3 dB 低減されているとすると，それはゲインが約 0.7 倍（$1/\sqrt{2}$ 倍）に低減されていることを意味している．**表**6.3 にゲイン増減倍率と dB 値増減ぶんとのおおよその関係を示す．ゲイン線図を解釈（表記）する際は，縦軸の最大－最小値の範囲の取り方に十分留意されたい．

表 6.3 ゲイン増減倍率と dB 値増減ぶんとのおおよその関係

(a)

ゲイン 増減倍率	dB 値 増減
0.1	-20
1/3	$-9.54 \approx -10$
0.5	-6
$1/\sqrt{2}$	-3
1	0
$\sqrt{2}$	3
2	6
3	$9.54 \approx 10$
10	20

(b)

dB 値 増減	ゲイン 増減倍率
-5	0.56
-3	$1/\sqrt{2} \approx 0.71$
-2	0.79
-1	0.89
0	1
1	1.12
2	1.26
3	$\sqrt{2} \approx 1.41$
5	1.78

（2） ゲイン余裕と位相余裕

図 5.5 で前述のとおり，安定限界に達するまでの余裕であるゲイン余裕と，安定限界に到達するまでの位相の余裕である位相余裕の大小関係を指標として安定性を評価することができる（**図 6.4**）。ここで，位相線図において $-180°$ との交点を**位相交点**（phase crossover）という。また，ゲイン線図において 0 dB との交点を**ゲイン交点**（gain crossover）という。

系の周波数応答線図においては，ゲインのピーク値 M_p，遮断周波数 ω_b，ゲイン余裕，位相余裕の値が評価指標，設計指標となりうる。時間領域，ラプラ

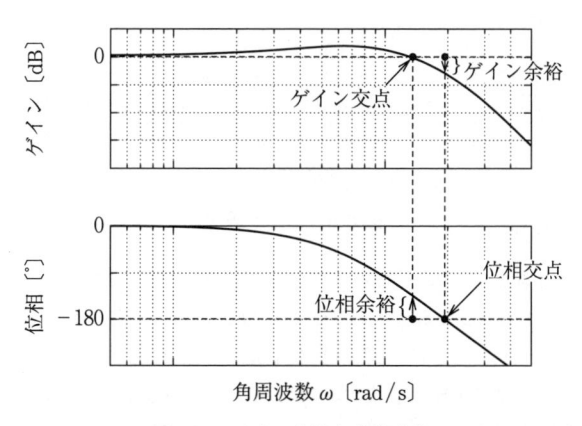

図 6.4 ゲイン余裕と位相余裕

表 6.4 過渡特性の特性値

	時間領域	ラプラス領域	周波数領域
速応性	t_r, t_d	ω_n	ω_b, ω_p
減衰性	O_s	ζ	M_p

ス領域，周波数領域における系の過渡特性の評価について**表 6.4** にまとめる。

> **例題 6.2***★ つぎの制御系のゲイン余裕，位相余裕を（1）$K=10$ のとき，（2）$K=100$ のときについて求めよ。
> $$G(s) = \frac{K}{s(s+1)(s+5)} \tag{6.6}$$

[解答] 図 6.5 のボード線図を作成し，そこからゲイン余裕，位相余裕を読み取る。（1），（2）の違いについては，ゲイン線図が平行移動した状態で，位相線図は同一となる。

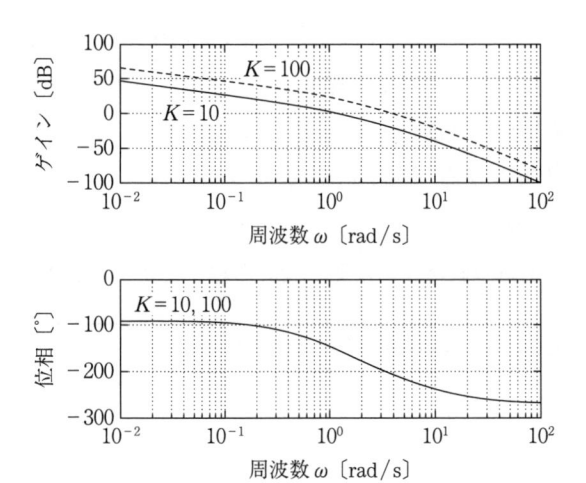

図 6.5 ボード線図

（1） $K=10$ のとき，位相が $-180°$ となる位相交点からゲイン余裕は，9.5 dB 程度，ゲインが 0 dB となるゲイン交点から位相余裕は，25° 程度である。
（2） $K=100$ のとき，位相が $-180°$ となる位相交点からゲイン余裕は，-10.5 dB 程度，ゲインが 0 dB となるゲイン交点から位相余裕は，$-24°$ 程度である。

以上より，$K=10$ に対しては安定な系であり，$K=100$ に対しては不安定な系である。　■

6.2 定常特性による評価・設計

フィードバック制御系の定常特性とは，目標値や外乱に対して，十分時間が経過した後の定常状態を評価するものである。

図 6.6 に示すフィードバック制御について考える。ここで，$D(s)$ は外乱である。出力の制御量 $Y(s)$ は

$$Y(s) = \frac{P(s)C(s)}{1+P(s)C(s)}R(s) + \frac{P(s)}{1+P(s)C(s)}D(s) \tag{6.7}$$

で与えられる。すなわち，制御量 $Y(s)$ は目標値 $R(s)$ と外乱 $D(s)$ の二つの影響を受ける。目標値と制御量の差を**偏差**（error）

$$E(s) = R(s) - Y(s) \tag{6.8}$$

と定義すると

$$E(s) = \frac{1}{1+P(s)C(s)}R(s) - \frac{P(s)}{1+P(s)C(s)}D(s) \tag{6.9}$$

となる。時間が十分経過した後の偏差はラプラス変換の**最終値の定理**（final value theorem）より

$$e_{st} = \lim_{t \to \infty} e(t) = \lim_{s \to 0} sE(s) \tag{6.10}$$

と計算できる。これを，**定常偏差**（steady-state error）という。

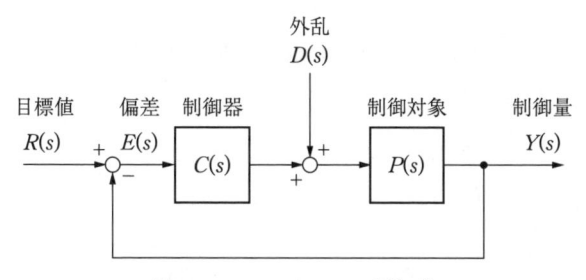

図 6.6　フィードバック制御系

6.2.1 目標値に対する定常偏差

図 6.6 において，外乱 $D(s)=0$ として目標値に対する定常偏差について考える．閉ループを一巡したときの伝達関数を

$$L(s) = P(s)C(s) \tag{6.11}$$

と定義する．このとき，偏差は

$$E(s) = \frac{1}{1+L(s)}R(s) \tag{6.12}$$

となる．また，定常偏差は

$$e_s = \lim_{t \to \infty} e(t) = \lim_{s \to 0} sE(s) = \lim_{s \to 0} s\frac{1}{1+L(s)}R(s) \tag{6.13}$$

となる．これより，目標値に対する定常偏差は，目標値 $R(s)$ と一巡伝達関数 $L(s)$ に影響されることがわかる．そこで，一巡伝達関数を

$$L(s) = \frac{K(b_m s^m + b_{m-1}s^{m-1} + \cdots + b_1 s + 1)}{s^l(a_n s^n + a_{n-1}s^{n-1} + a_{n-2}s^{n-2} + \cdots + a_1 s + 1)} \tag{6.14}$$

と表す．一巡伝達関数 $L(s)$ が l 個の積分器をもつ場合を l 型の制御系という．

（1） 定常位置偏差

目標値が単位ステップ入力の場合の定常偏差を**定常位置偏差**（steady-state position error）といい，e_{sp} で表す．このとき $R(s)=1/s$ なので

$$e_{sp} = \lim_{s \to 0} s\frac{1}{1+L(s)}\frac{1}{s} = \lim_{s \to 0} \frac{1}{1+L(s)} = \frac{1}{1+K_p} \tag{6.15}$$

となる．ここで

$$K_p = \lim_{s \to 0} L(s) \tag{6.16}$$

は**位置偏差定数**（position error constant）と呼ばれている．

式 (6.14) の $L(s)$ から

$$K_p = \begin{cases} K & l=0 \\ \infty & l \geq 1 \end{cases} \tag{6.17}$$

と計算されるので

$$e_{sp} = \frac{1}{1+K_p} = \begin{cases} \dfrac{1}{1+K} & l=0 \\ 0 & l \geq 1 \end{cases} \tag{6.18}$$

と求まる。すなわち0型の制御系では定常位置偏差が生じるが，1型以上の制御系では定常位置偏差は生じない。

(2) 定常速度偏差

目標値がランプ入力（$r(t)=t$）の場合の定常偏差を**定常速度偏差**（steady-state velocity error）といい，e_{sv}で表す。このとき$R(s)=1/s^2$なので

$$e_{sv} = \lim_{s \to 0} s \frac{1}{1+L(s)} \frac{1}{s^2} = \lim_{s \to 0} \frac{1}{s+sL(s)} = \frac{1}{K_v} \tag{6.19}$$

となる。ここで

$$K_v = \lim_{s \to 0} sL(s) \tag{6.20}$$

は**速度偏差定数**（velocity error constant）と呼ばれている。

式(6.20)から

$$K_v = \begin{cases} 0 & l=0 \\ K & l=1 \\ \infty & l \geq 2 \end{cases} \tag{6.21}$$

と計算されるので

$$e_{sv} = \frac{1}{K_v} = \begin{cases} \infty & l=0 \\ \dfrac{1}{K} & l=1 \\ 0 & l \geq 2 \end{cases} \tag{6.22}$$

となる。すなわち0型の制御系では定常速度偏差が∞となり，1型の制御系では一定の定常速度偏差が生じる。一方，2型以上の制御系では定常速度偏差は生じない。

(3) 定常加速度偏差

目標値が加速度入力（$r(t)=t^2/2$）の場合の定常偏差を**定常加速度偏差**（steady-state acceleration error）といい，e_{sa}で表す。このとき$R(s)=1/s^3$な

6. フィードバック制御系の設計

ので

$$e_{sa} = \lim_{s \to 0} s \frac{1}{1+L(s)} \frac{1}{s^3} = \lim_{s \to 0} \frac{1}{s^2 + s^2 L(s)} = \frac{1}{K_a} \tag{6.23}$$

となる。ここで

$$K_a = \lim_{s \to 0} s^2 L(s) \tag{6.24}$$

は**加速度偏差定数**(acceleration error constant)と呼ばれている。

式 (6.24) から

$$K_a = \begin{cases} 0 & l \leq 1 \\ K & l = 2 \\ \infty & l \geq 3 \end{cases} \tag{6.25}$$

と計算されるので

$$e_{sa} = \frac{1}{K_a} = \begin{cases} \infty & l \leq 1 \\ \dfrac{1}{K} & l = 2 \\ 0 & l \geq 3 \end{cases} \tag{6.26}$$

となる。すなわち 0 型と 1 型の制御系では定常加速度偏差が∞となり,2 型の制御系では一定の定常加速度偏差が生じる。一方,3 型以上の制御系では定常加速度偏差は生じない。以上の結果をまとめると**表 6.5** のようになり,一巡伝達関数の積分器の数によって定常偏差が特徴づけられることがわかる。

表 6.5　目標値に対する定常偏差

制御系の型	定常位置偏差	定常速度偏差	定常加速度偏差
0 型	$\dfrac{1}{1+K}$	∞	∞
1 型	0	$\dfrac{1}{K}$	∞
2 型	0	0	$\dfrac{1}{K}$
3 型	0	0	0

6.2.2 外乱に対する定常偏差

図 6.6 において，目標値 $R(s) = 0$ とすると，外乱に対する定常偏差は

$$E(s) = -\frac{P(s)}{1+L(s)}D(s) \tag{6.27}$$

となるので

$$\lim_{s \to 0} sE(s) = -\lim_{s \to 0} s\frac{P(s)}{1+L(s)}D(s) \tag{6.28}$$

となる。

例題 6.3* 図 6.6 において

$$P(s) = \frac{1}{s(0.1s+1)}, \quad C(s) = 10$$

とした場合の（1）目標値に対する定常位置偏差，（2）目標値に対する定常速度偏差，（3）外乱に対する定常位置偏差を求めよ。

[解答] 一巡伝達関数は

$$L(s) = P(s)C(s) = \frac{10}{s(0.1s+1)} \tag{6.29}$$

となる。（1 型）

（1）目標値に対する定常位置偏差

$$e_{sp} = \lim_{s \to 0} s\frac{1}{1+L(s)}\frac{1}{s} = \lim_{s \to 0}\frac{s^2+10s}{s^2+10s+100} = 0 \tag{6.30}$$

図 6.7 に制御量 $y(t)$，偏差 $e(t)$ を示す。定常偏差がないことがわかる。

（2）目標値に対する定常速度偏差

$$e_{sv} = \lim_{s \to 0} s\frac{1}{1+L(s)}\frac{1}{s^2} = \lim_{s \to 0}\frac{s+10}{s^2+10s+100} = \frac{1}{10} \tag{6.31}$$

図 6.8 に制御量 $y(t)$，偏差 $e(t)$ を示す。定常偏差が生じていることがわかる。

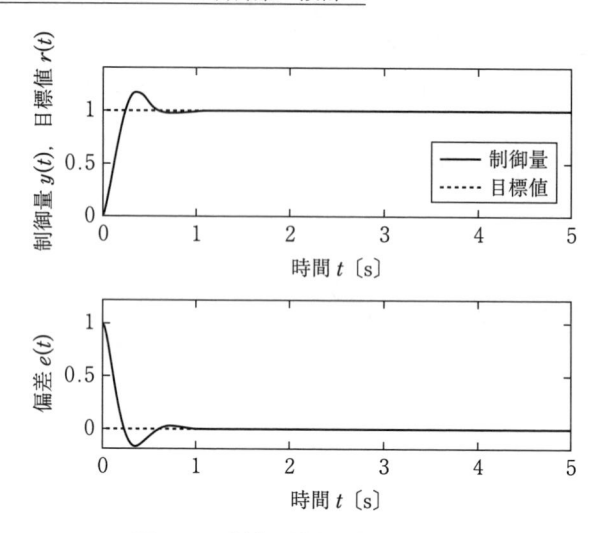

図 6.7 目標値に対する定常位置偏差

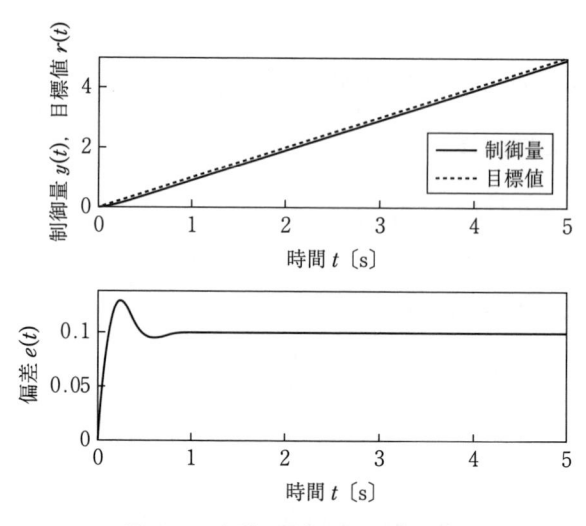

図 6.8 目標値に対する定常速度偏差

（3） 外乱に対する定常位置偏差

$$e_{sp} = -\lim_{s \to 0} s \frac{P(s)}{1+L(s)} \frac{1}{s} = -\lim_{s \to 0} \frac{10}{s^2+10s+100} = -\frac{1}{10} \tag{6.32}$$

図 6.9 に制御量 $y(t)$，偏差 $e(t)$ を示す．図より，定常偏差が生じていることがわかる．

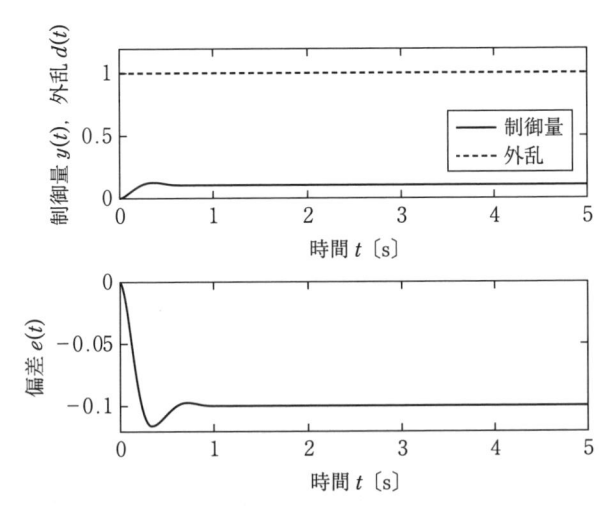

図 6.9 外乱に対する定常位置偏差

6.3 PID 制 御

偏差の比例 (Proportional), 積分 (Integral), 微分 (Derivative) の線形結合によって操作量が決定される制御を, 各要素の頭文字をとって **PID 制御** (PID control) という。制御器の伝達関数はつぎのように表すことができる。

$$C(s) = K_P + \frac{K_I}{s} + K_D s = K_P\left(1 + \frac{1}{T_I s} + T_D s\right) \tag{6.33}$$

ここで, K_P を **比例ゲイン** (proportional gain), K_I を **積分ゲイン** (integral gain), K_D を **微分ゲイン** (derivative gain), $T_I = K_P/K_I$ を **積分時間** (integral time), $T_D = K_D/K_P$ を **微分時間** (derivative time) という。

つぎの制御対象における PID 制御について考える。

$$P(s) = \frac{1}{s^2 + 3s + 2} \tag{6.34}$$

まず

$$C(s) = K_P \tag{6.35}$$

とした**比例制御**（P 制御，Proportional control）を行う（**図 6.10**）。この場合のステップ応答を**図 6.11** に示す。K_P の値を大きくしていくと，制御量は目標値に近づくが，応答が振動的になっていくことがわかる。

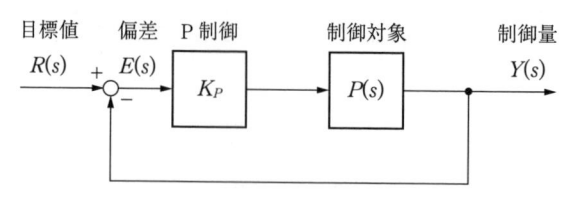

図 6.10 P 制御のブロック線図

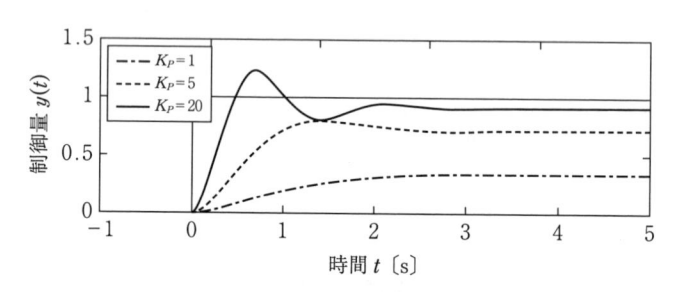

図 6.11 P 制御（細線：目標値）

そこで，振動的な応答を抑えるために**微分制御**（D 制御，Derivative control）を加えることにする。すなわち

$$C(s) = K_P + K_D s \tag{6.36}$$

の **PD 制御**（PD control）を行う（**図 6.12**）。この場合のステップ応答を**図 6.13** に示す。$K_P = 20$ に固定して，K_D の値を大きくしていくと，振動が減衰していくことがわかる。しかし，定常偏差は生じたままである。

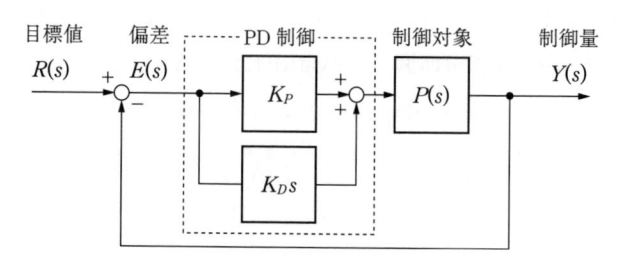

図 6.12 PD 制御のブロック線図

6.3 PID 制御

図6.13 PD制御（細線：目標値），$K_P=20$

そこで，偏差をなくすために**積分制御**（I制御，Integral control）を加えることにする（**図6.14**）。すなわち

$$C(s) = K_p + K_D s + \frac{K_I}{s} \tag{6.37}$$

のPID制御を行う。この場合のステップ応答を**図6.15**に示す。$K_P=20$，$K_D=10$に固定して，K_Iの値を大きくしていくと，定常偏差がなくなるのが早く

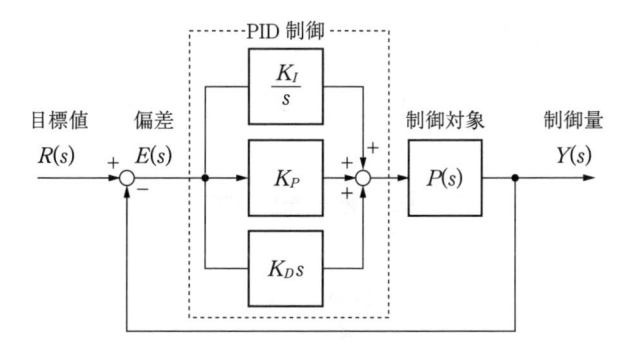

図6.14 PID制御のブロック線図

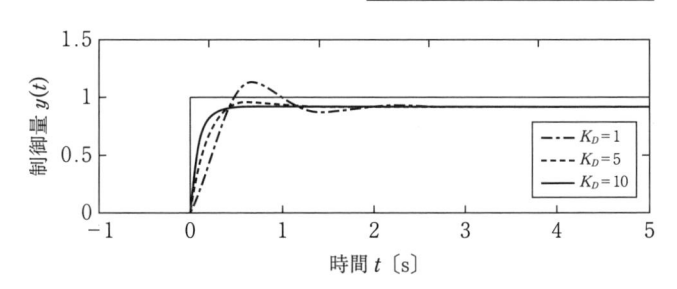

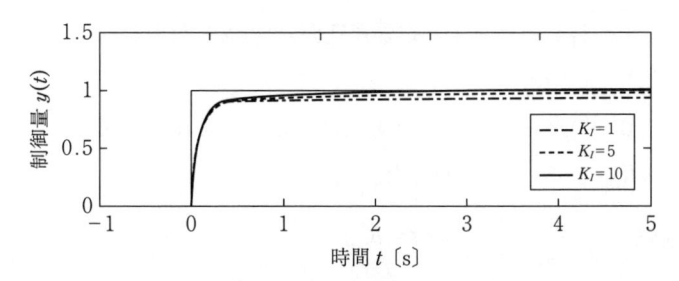

図6.15 PID制御（細線：目標値），$K_P=20$，$K_D=10$

なり，良好な結果になることがわかる。

以上のように，偏差に比例したフィードバック制御を行うだけでなく，偏差の積分や微分の動作を加えることにより，制御量の応答特性を変えることができることがわかる。

PID制御の設計法としてジーグラ（Ziegler）・ニコルス（Nichols）の調整法が知られている。この手法では，まず制御器を比例制御のみで構成して，比例ゲイン K_P を徐々に増加させていくと応答はやがて持続的な振動となる（安定限界）。そのときの比例ゲインを安定限界ゲイン K_C とし，持続振動の周期を限界周期 T_C とする。つぎにこの K_C, T_C の値を用いて**表6.6**に示すように各パラメータを決定する。この方法は，**限界感度法**（ultimate sensitivity method）と呼ばれている。

表6.6 限界感度法

	K_P	T_I	T_D
P制御	$0.5K_C$	—	—
PI制御	$0.45K_C$	$0.83T_C$	—
PID制御	$0.6K_C$	$0.5T_C$	$0.125T_C$

章 末 問 題

6.1* 図6.6のフィードバック制御系において

$$P(s) = \frac{1}{s^2+3s+2}, \quad C(s) = \frac{3}{s}$$

のときの（1）目標値に対する定常速度偏差，（2）外乱に対する定常位置偏差を求めよ。

6.2* 図6.6のフィードバック制御系において，目標値に対してつぎのようなP制御（K_P=1, 5, 20）を行った。

$$P(s) = \frac{1}{s^2+3s+2}, \quad C(s) = K_p$$

各P制御の定常位置偏差を求めよ。

7 自動車と航空機の制御

これまでに，制御対象である自動車や航空機のモデル化，時間領域や周波数領域での特性と，フィードバック制御による一般的な閉ループ系の安定判別法などについて述べた．本章では，これらのまとめとして，実際に自動車や航空機の分野で用いられる具体的な制御事例について説明する．

7.1 自動車の制御

7.1.1 前後方向の制御

自動車の前後方向の制御は，二つに大別できる．一つは，自動車の速度を一定に保つ制御で，クルーズコントロール（CC: Cruise Control）である．もう一つは，先行車が存在する場合に，先行車との車間距離を一定に保つ制御で，アダプティブクルーズコントロール（ACC: Adaptive Cruise Control）と呼ばれるものに相当する．

(1) クルーズコントロール（CC）

CC は，ドライバが希望する速度（目標速度）v^* を設定すると，自動車の速度を自動的に制御するものである．現在の速度 v と目標速度 v^* の差が 0 になるように比例制御（P 制御）を行う．現在の速度と目標速度との差に比例ゲイン K_P をかけて，次式のように駆動力 f_x を入力する．

$$f_x = -K_P(v - v^*) \tag{7.1}$$

このときのブロック線図を図 7.1 に示す．なお，ここでは駆動（加速）の際についてのみ扱っているが，下り坂などにおいて，一定速走行のために制動（減

130   7. 自動車と航空機の制御

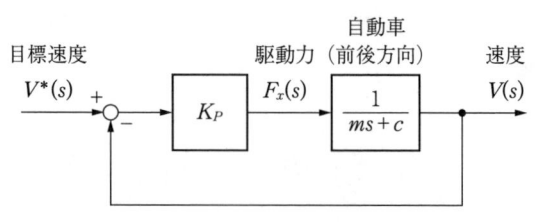

図7.1 CCのブロック線図（比例制御）

速）する場合も，負の駆動力（すなわち制動力）として同様に扱う。

実際のCCは，ある程度高速で走行中に，現在の速度が目標速度となるようにセットするが，ここでは問題を簡単に扱うため，停止している自動車に対して，クルーズコントロールの目標速度を10 m/s（36 km/h）に設定した場合の応答を考える。比例ゲイン K_P は100 N s/mとして，自動車のパラメータは，質量 m = 1 000 kg，減衰係数 c = 100 N s/m とする。

目標速度を10 m/sに設定した場合の応答を**図7.2**に示す。目標速度が10 m/sに設定されると，現在の速度との間に偏差が生じ，その結果駆動力が入力される。駆動力とともに，速度が目標速度に近づくが，最終的に目標速度には収束せずに，5 m/sに収束していることがわかる。これは，速度の偏差によ

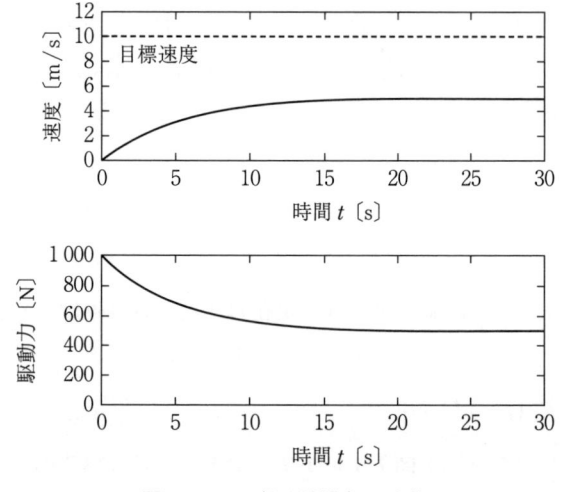

図7.2 CC（比例制御）の応答

7.1 自動車の制御　131

り生じる駆動力（$-100 \times (5-10) = 500$）と，速度に応じて発生する減衰力（$100 \times 5 = 500$）が釣り合っているためである。

> **例題 7.1**[***]　自動車の速度を設定速度に近づけるために，比例ゲインを $100\,\mathrm{N\,s/m}$ から，$200\,\mathrm{N\,s/m}$，$300\,\mathrm{N\,s/m}$ と増加させた場合，応答はどのようになるか求めよ。

[解答]　比例ゲインを増加させた場合の応答を図 7.3 に示す。比例ゲインの増加とともに，制御入力である駆動力も増加し，自動車の速度が目標速度に近づいている様子がわかる。しかし，目標速度との偏差は依然として生じている。さらに比例ゲインが増加した場合でも，この偏差は存在し，実際問題としては制御入力にも限界がある。これは，**内部モデル原理**（internal model principle）と呼ばれるもので，制御対象である自動車と，制御器である比例ゲインの一巡伝達関数の中に，入力である $1/s$（ステップ入力）が含まれていなければ，定常偏差が生じるというものであり，この場合，制御系の中に入力モデルが含まれていなければならない。

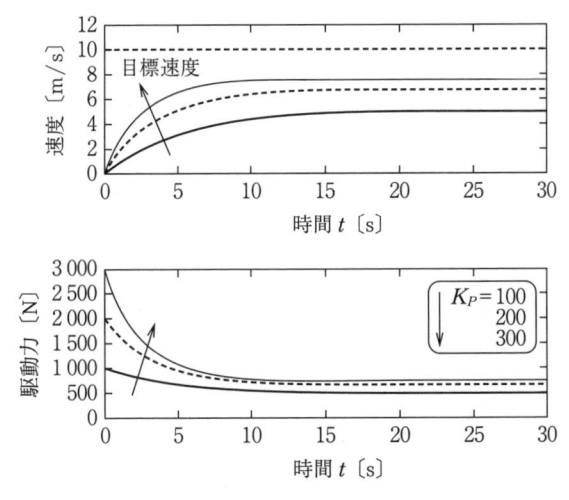

図 7.3　CC（比例制御）の応答（比例ゲイン増加）

■

132　7.　自動車と航空機の制御

目標速度と自動車の速度の偏差を比例制御した場合には，最終的に目標速度に近づけないことを確認した。そこで，さらに積分制御を加えた **PI 制御**（PI control）について検討する。PI 制御の場合の制御入力である駆動力は以下のように表される。

$$f_x = -K_P(v - v^*) - K_I \int (v - v^*) dt \tag{7.2}$$

このときのブロック線図を図 7.4 に示す。

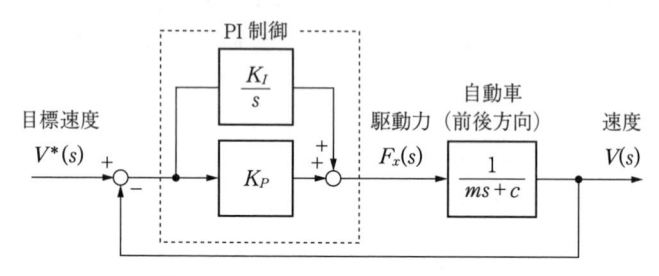

図 7.4　CC のブロック線図（PI 制御）

PI 制御を行った場合の応答を図 7.5 に示す。比例ゲイン K_P は 200 N s/m，積分ゲイン K_I は 10 N/m としている。P 制御では定常偏差が生じているが，PI 制御を用いることで，速度の偏差を積分して制御を行うため，徐々に目標

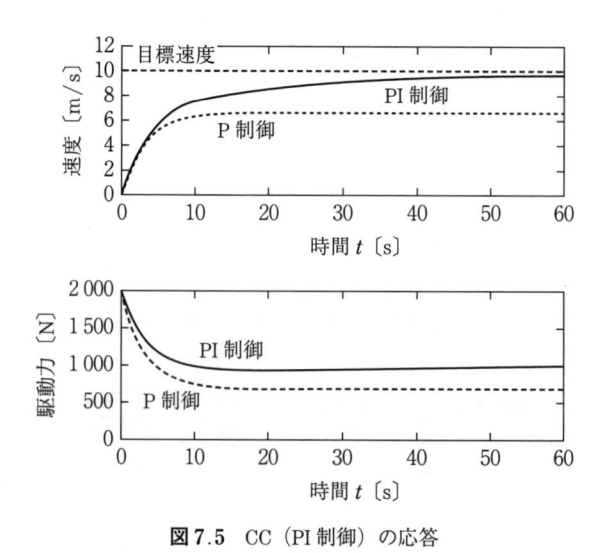

図 7.5　CC（PI 制御）の応答

速度に近づいていることが確認できる。

> **例題 7.2****★　自動車の速度を目標速度に近づけるために，積分ゲインを $10\,\mathrm{N/m}$ から，$30\,\mathrm{N/m}$，$50\,\mathrm{N/m}$ と増加させた場合の応答を求めよ。

[解答]　積分ゲインを増加させた場合の応答を**図 7.6**に示す。積分ゲインを増加させることで，定常偏差がなくなる時間が早くなっていることが確認できる。さらに，積分ゲインを増加させるとオーバーシュートが大きくなることがわかる。

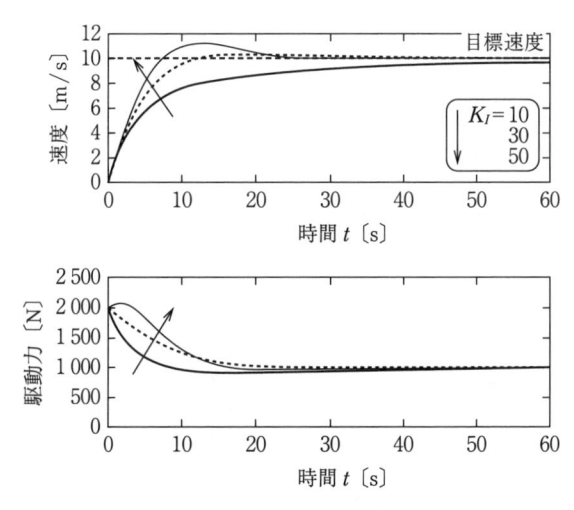

図 7.6　CC（PI 制御）の応答（積分ゲイン増加）

■

（2）　アダプティブクルーズコントロール（ACC）

CC は，自車（自分の自動車）が単独で走行している場合には，自動的に一定速走行を実現するが，前方に自車よりも遅い自動車が存在する場合には，ドライバがブレーキ操作を行うか，または車線変更をしなくてはならない。そこで，前方に遅い自動車が存在する場合に，一定の車間距離を保って自動的に追従するシステムが，つぎに述べる ACC である。

ACC も，先行車（前方の自動車）がいない場合には，CC と同様の制御を行

うが，先行車がいる場合には，目標となる車間距離 d^* を保って追従走行を行う．追従走行を行うということは，すなわち自車と先行車の速度差が 0 ということである．図 7.7 に示すように現在の車間距離 d と目標車間距離 d^* の差，および自車の速度 v と先行車の速度 v_p の差から，制御入力である駆動力を以下のように求める．

$$f_x = K_{dis}(d - d^*) - K_{vel}(v - v_p) \tag{7.3}$$

ここで，K_{dis} は，現在の車間距離と目標車間距離の差に対するゲイン，K_{vel} は，自車と先行車の速度差に対するゲインである．K_{dis} の符号が正であるのは，車間距離と相対速度が以下の関係にあるためである．

$$d = -\int (v - v_p) dt \tag{7.4}$$

上式は，自車の速度が先行車の速度よりも大きい，すなわち $v - v_p$ が正であれば，速度差を積分した車間距離は減少することを意味している．

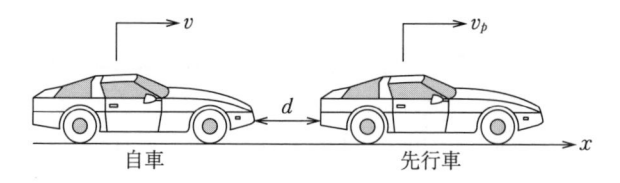

図 7.7 先行車と自車

目標車間距離 d^* は，自動車の速度に設定車間時間 t_{hw}（車間距離を速度で除した値）をかけることにより，速度とともに距離が長くなるように設定するのが一般的である．

$$d^* = t_{hw} v \tag{7.5}$$

ただし，制御によって変化する自車の速度により，目標車間距離が変化することを避けるために，先行車の速度 v_p を用いることもある．

$$d^* = t_{hw} v_p \tag{7.6}$$

このときの ACC のブロック線図を図 7.8 に示す．

ACC は，高速道路など比較的高速で走行する場合を想定して設計されてい

7.1 自動車の制御

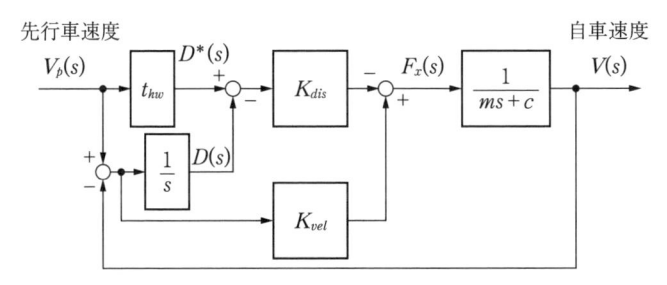

図7.8 ACCのブロック線図

る．最近では，渋滞時など比較的低速で作動する低速度域追従（LSF, Low Speed Following）システムや，従来のACCを低速側にも拡張した全速度域ACC（FSRA, Full Speed Range ACC）などが開発されている．これらのシステムは，速度が0になる停止状態での制御も含まれるが，速度が0の場合，式（7.6）の目標車間距離も0になってしまうため，停止時の安全車間距離d_0を加える．

$$d^* = t_{hw} v_p + d_0 \tag{7.7}$$

基本的には，上式により目標車間距離を設定する場合が多いが，速度の増加とともに，安全車間距離の部分は相対的に小さくなる．

例題7.3**★** 自車と先行車がともに停止している状態から，先行車が1 m/s² の加速度で10秒間（10 m/sまで）加速した後に一定走行する状況で，自車はACCにより先行車に追従する場合の応答はどのようになるか．安全車間距離d_0は5 m，設定車間時間t_{hw}は1 s，各ゲインは，K_{dis}を500 N/m，K_{vel}を500 N s/mとして，自動車のパラメータは，質量1 000 kg，減衰係数100 N s/mとする．

[解答] 先行車が10 m/sまで加速した場合のACCの応答を**図7.9**に示す．先行車が加速して車間距離が目標車間距離よりも長くなると，制御入力である駆動力が大きくなる．先行車が加速終了後，駆動力が弱くなり，最終的に速度は先行車の速度に一致している．しかし，車間距離は目標車間距離に対して定常偏差が生じていることがわかる．したがって，CCのときと同様に，車間距離の偏差を積分制御で補償する必要がある．

136　　7．自動車と航空機の制御

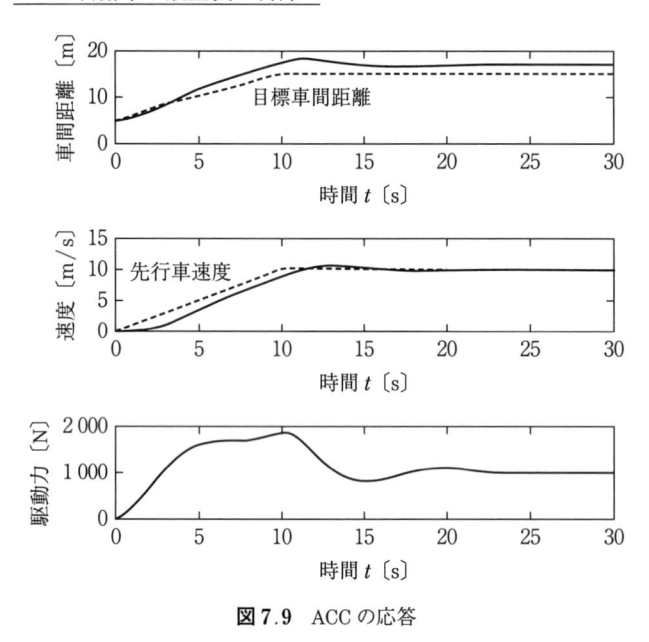

図7.9　ACCの応答

車間距離の偏差に積分制御を加えた場合の制御入力は以下のように表される．

$$f_x = K_{dis}(d-d^*) + K_{d\_i}\int(d-d^*)dt - K_{vel}(v-v_p) \tag{7.8}$$

ただし，K_{d_i}は車間距離偏差に対する積分ゲインである．

積分制御を加えた場合のACCのブロック線図を図7.10に示す．ただし，安

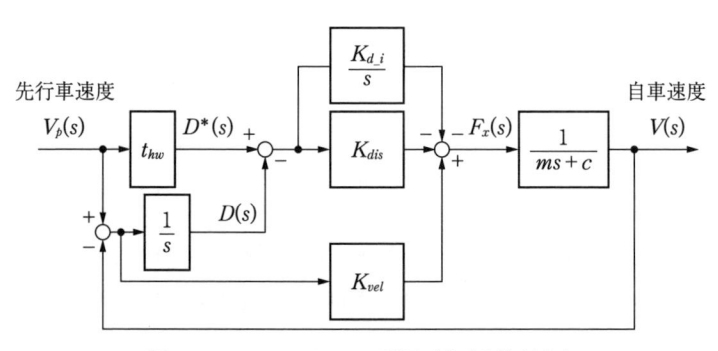

図7.10　ACCのブロック線図（積分制御追加）

7.1 自動車の制御　　137

全車間距離 d_0 は考慮していない。

なお，目標車間距離の変化が小さいと仮定すると，図 7.10 のブロック線図は，**図 7.11** のように書き直すことができ，車間距離偏差に対する PID 制御と等価であることが確認できる。

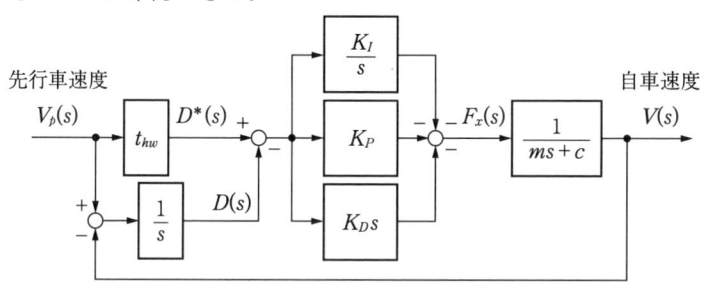

図 7.11　ACC のブロック線図（PID 制御）

例題 7.4****★　ACC に積分制御を加えた場合の応答を求めよ。K_{dis} は 500 N/m，K_{vel} は 500 N s/m のままで，K_{d_i} は 50 N/m s とする。

【解答】　積分制御を加えた場合の ACC の応答を**図 7.12** に示す。積分制御を追加

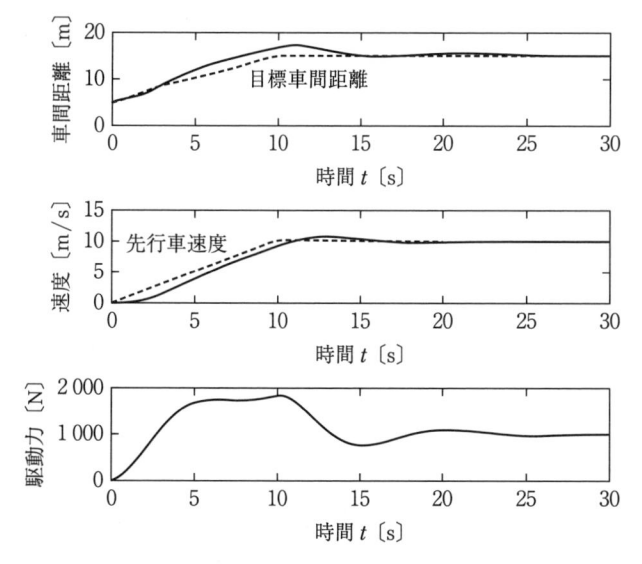

図 7.12　ACC の応答（積分制御追加）

することで，車間距離が目標車間距離に収束していることがわかる。 ∎

7.1.2 上下方向の制御

図7.13に示すようなダンパを絶対空間から吊り下げたサスペンションモデルがある。このダンパをスカイフックダンパと呼んでいる。また，スカイフックダンパの減衰係数を K_D とする。スカイフックサスペンションの運動方程式は

$$m\ddot{z} + K_D\dot{z} + kz = kz_0 \tag{7.9}$$

となり，ラプラス変換をして伝達関数を求めると

$$G(s) = \frac{Z(s)}{Z_0(s)} = \frac{k}{ms^2 + K_D s + k} \tag{7.10}$$

となる。伝達関数よりボード線図を求めると図7.14となる。この図より，スカイフックダンパの減衰係数が大きいほど全周波数領域でゲインが小さくなることがわかる。スカイフックサスペンションはサスペンションモデルの理想的な特性をもっている。

図7.15に示すような**アクチュエータ**（actuator）を付加したサスペンショ

図7.13 スカイフックサスペンションモデル

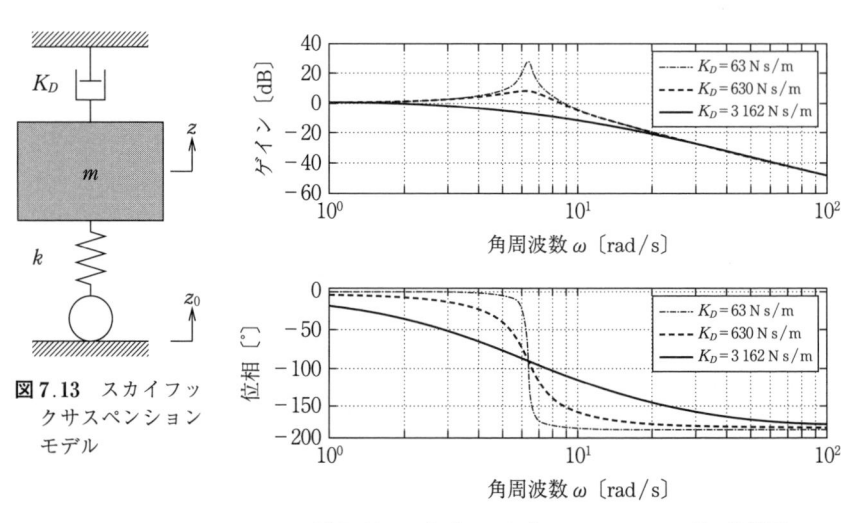

図7.14 スカイフックサスペンションのボード線図

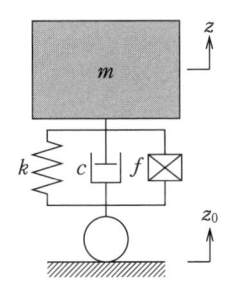

図 7.15 アクティブサスペンションモデル

ンをアクティブサスペンションと呼ぶ。アクチュエータの発生力を f とすると、アクティブサスペンションの運動方程式は次式となる。

$$m\ddot{z} + c\dot{z} + kz = c\dot{z}_0 + kz_0 + f \tag{7.11}$$

アクティブサスペンションのアクチュエータにおいて、車体の速度をフィードバックする、つぎのような制御をスカイフック制御と呼ぶ。

$$f = -K_D \dot{z} \tag{7.12}$$

ここで、K_D はスカイフックダンパの減衰係数に相当する。

例題 7.5* 図 7.15 において、スカイフック制御を行った場合の路面の変位 z_0 から車体変位 z までの伝達関数を求めよ。

[解答] 式 (7.12) を式 (7.11) に代入すると、運動方程式は次式となる。

$$m\ddot{z} + (c + K_D)\dot{z} + kz = c\dot{z}_0 + kz_0 \tag{7.13}$$

したがって、路面の変位 z_0 から車体の変位 z までの伝達関数は次式となる。

$$G(s) = \frac{Z(s)}{Z_0(s)} = \frac{cs + k}{ms^2 + (c + K_D)s + k} \tag{7.14}$$

■

例題 7.6** 図 7.15 のアクティブサスペンションにおいて、スカイフック制御を行った場合の路面の変位 z_0 から車体の変位 z までのブロック線図を描け。

7. 自動車と航空機の制御

[解答] スカイフック制御を行うアクティブサスペンションのブロック線図は図7.16となる。

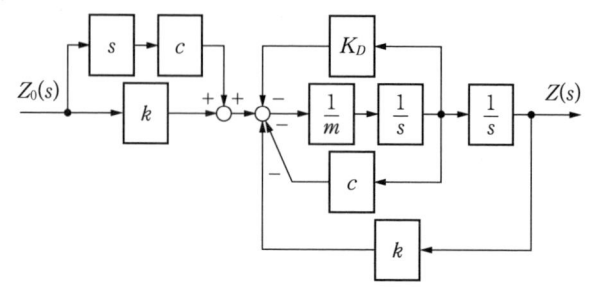

図7.16 スカイフック制御を行うアクティブサスペンションのブロック線図

例題7.7* スカイフック制御を行うアクティブサスペンションの自動車が，段差0.01 mを乗り上げた場合の応答を求めよ。ただし，質量をm = 250 kg，ばね定数をk = 10 kN/m，減衰係数をc = 632 N s/mとし，K_D = 316, 632, 1 260 N s/mとする。

[解答] スカイフック制御のステップ応答を図7.17に示す。K_Dの値を大きくしていくと振動が抑えられ良好な結果となっている。

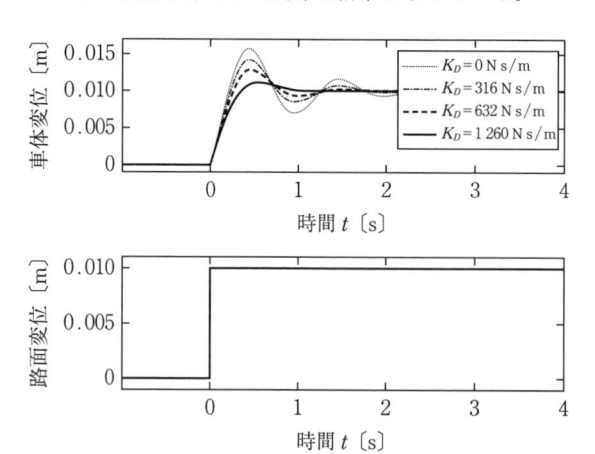

図7.17 スカイフック制御のステップ応答

7.1 自動車の制御

例題 7.8＊＊★　スカイフック制御を行うアクティブサスペンションの自動車における路面の変位から車体の変位までのボード線図を求めよ。ただし，質量を $m=250$ kg，ばね定数を $k=10$ kN/m，減衰係数を $c=632$ N s/m とし，$K_D=316,\ 632,\ 1\,260$ N s/m とする。

［解答］　スカイフック制御のボード線図を図 7.18 に示す。K_D の値を大きくしていくと全周波数領域でゲインが小さくなり良好な結果となっている。

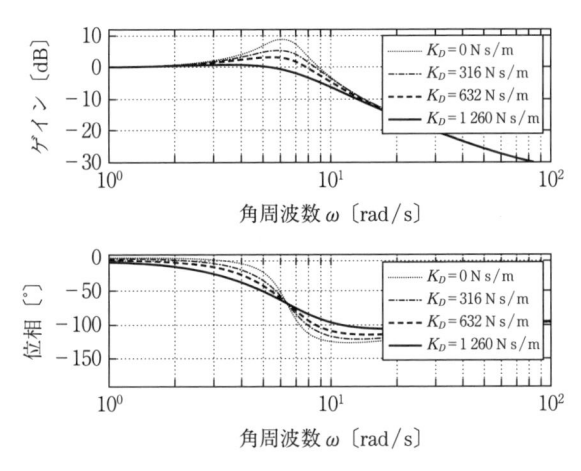

図 7.18　スカイフック制御のボード線図

■

7.1.3　横方向の制御

自動車の横運動の極やブロック線図で確認したように，積極的なハンドル操作がない場合には，外乱が加わると，自動車はコースから外れてしまう。そこで，自動車の横変位と目標コースとの偏差をフィードバックして，自動車をコースに沿って走らせる制御を考える。ハンドル操作を自動制御する試みは古くから行われているが，最近では自動操舵ではなく，コースから外れないように人間のハンドル操作をアシストする車線維持支援システム（LKAS, Lane-Keeping-Assistance System）が実用化している。

7. 自動車と航空機の制御

まず最初に横変位と目標コースの偏差をゼロにする比例制御について考える。目標横変位をy^*とすると，比例制御による操舵角δは以下のように表される。

$$\delta = -K_P(y - y^*) \tag{7.15}$$

このときのブロック線図を**図7.19**に示す。同図における「横方向のダイナミクス」とは，式(2.25)に示した，操舵角から横変位までの伝達関数である。速度$15\,\mathrm{m/s}$ ($54\,\mathrm{km/h}$)で直線コースを走行中の自動車（車両パラメータは例題3.13を参照）に対して，目標横変位がステップ状に$0.1\,\mathrm{m}$変化したときの比例制御の応答を求める。比例ゲイン$K_P = 5\,\mathrm{rad/m}$としたときの横変位の応答を**図7.20**に示す。この図から，目標横変位がステップ状に変化すると，操舵角が入力され，横変位が徐々に目標横変位に近づいていることが確認でき

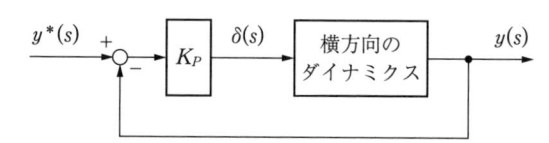

図7.19 横運動制御のブロック線図（比例制御）

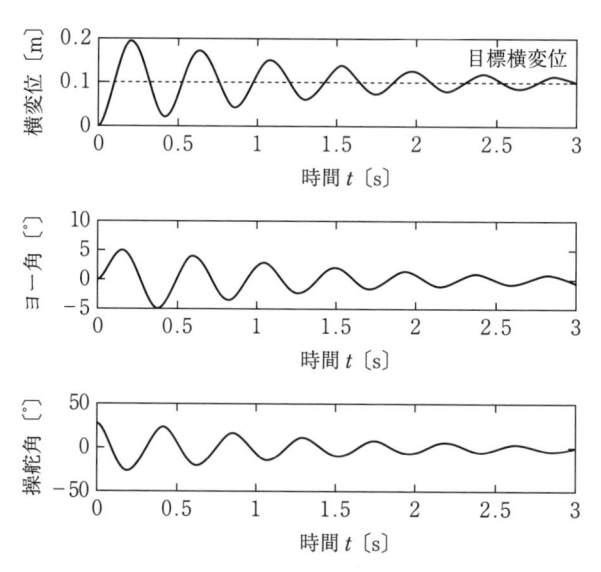

図7.20 目標横変位のステップ応答（比例制御）

る．しかし，横変位が振動的な応答になっている．

> **例題 7.9**＊＊＊★　目標コースへの追従性を向上させるために，比例ゲイン K_P を 5 rad/m，7.5 rad/m，10 rad/m と増加させた場合の横変位の応答を求めよ．

[解答]　図 7.21 に比例ゲインを増加させた場合の横変位の応答を示す．この図より，比例ゲインを増加させることで，応答の立ち上がりが早くなり，目標横変位への収束も早くなっていることがわかる．しかし，振動的な応答は改善されていないことがわかる．

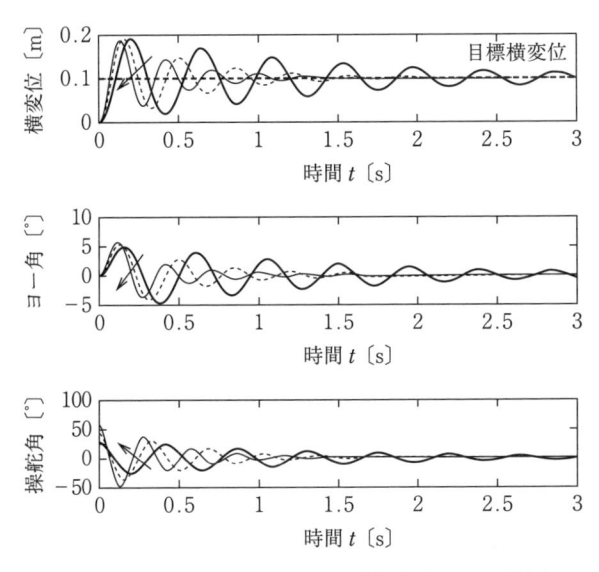

図 7.21　目標横変位のステップ応答（比例ゲイン増加）

∎

前述の比例制御では，振動的な応答が改善されないことを確認した．これは，操舵角から横変位までの伝達関数が 2 型（2 階積分）になっているためであり，位相を進める制御が必要である．そこで，比例制御に微分制御を付加した PD 制御を適用する．PD 制御による操舵角の式は以下のようになる．

7. 自動車と航空機の制御

$$\delta = -K_P(y-y^*) - K_D(\dot{y}-\dot{y}^*) \tag{7.16}$$

このときのブロック線図を図7.22に示す。

比例ゲイン K_P を $5\,\mathrm{rad/m}$,微分ゲイン K_D を $0.1\,\mathrm{rad\,s/m}$ として,PD制御を行った場合の応答を図7.23に示す。この図より,微分制御を付加することにより,横変位の振動的な応答が抑えられていることが確認できる。

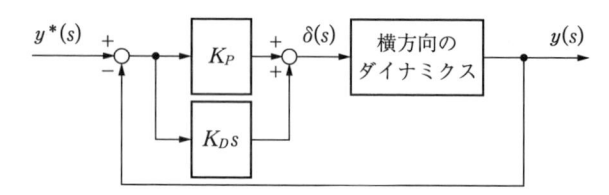

図7.22 横運動制御のブロック線図(PD制御)

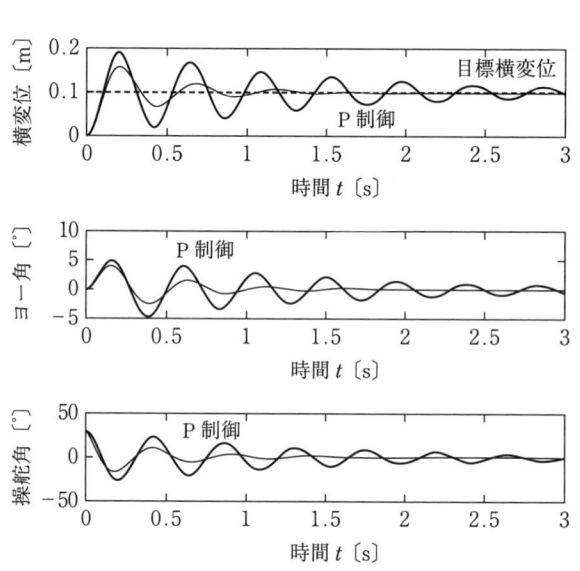

図7.23 目標横変位のステップ応答(PD制御)

例題7.10**★** 横変位の振動を低減させるために,微分ゲイン K_D を $0.1\,\mathrm{rad\,s/m}$, $0.3\,\mathrm{rad\,s/m}$, $0.5\,\mathrm{rad\,s/m}$ と増加させた場合の横変位の応答を求めよ。

[解答] 図 7.24 に微分ゲインを大きくした場合の横変位の応答を示す．この図より，微分ゲインを大きくすることで，振動的な応答がなくなることが確認できる．

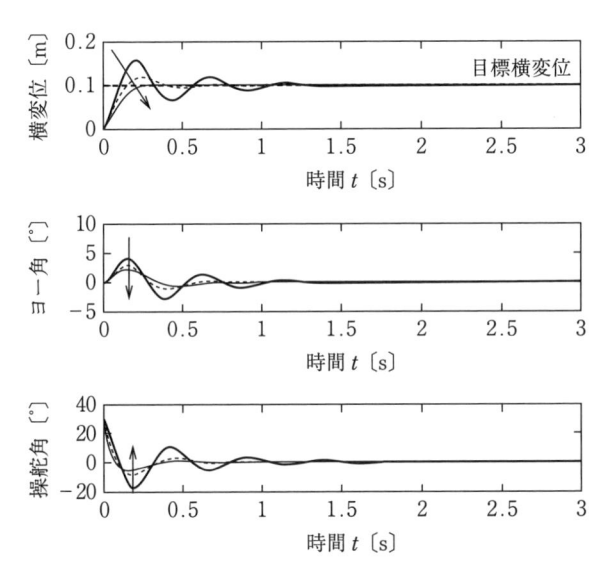

図 7.24 目標横変位のステップ応答（微分ゲイン増加）

7.2 航空機の制御

7.1 節では自動車の前後，上下，横方向の制御の例を示した．本節では，航空機の縦方向の制御について説明する．

例として，ピッチ角を制御するためのオートパイロットの構成を図 7.25 に

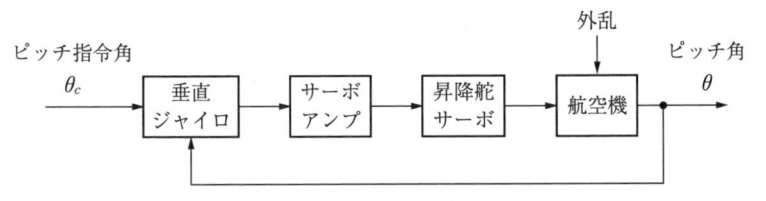

図 7.25 航空機のピッチ角を制御する変位オートパイロット

示す．機体のピッチ角が大気の外乱によって指令されたピッチ角（θ_c）からずれると，垂直ジャイロによって検知されたずれ量が増幅されて昇降舵サーボに入力され，昇降舵を動かし，指令されたピッチ角に戻るように動作する．

例題 7.11**★**

（1）図 7.26 のブロック線図で表されるオートパイロットに，機体のピッチ角を 1° にするよう指令を与えた．このときの航空機のピッチ角の変化を計算せよ．ただし $K_a = 0.5, 2.0, 5.0$ とする．

（2）サーボゲイン K_a に対する根軌跡を求めよ．

（3）オートパイロットが安定となる K_a の範囲を求めよ．

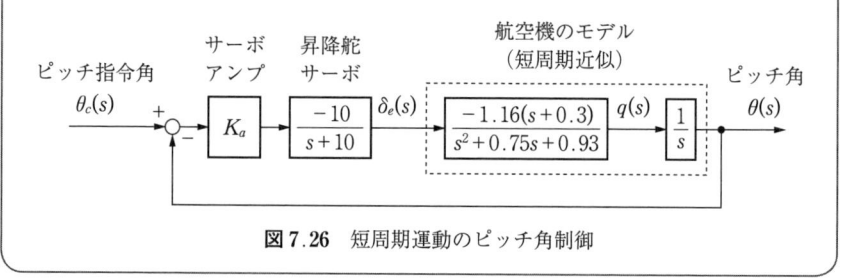

図 7.26　短周期運動のピッチ角制御

[解答]

（1）図 7.26 の伝達関数は

$$G(s) = \frac{11.6 K_a s + 3.48 K_a}{s^4 + 10.75 s^3 + 8.43 s^2 + (11.6 K_a + 9.3)s + 3.48 K_a} \tag{7.17}$$

となる．機体のピッチ角を 1° にするよう指令を与えるので，ステップ状の入力

$$\theta_c(s) = \frac{1}{s} \tag{7.18}$$

を用いる．

機体のピッチ角の応答は

$$\theta(t) = \mathcal{L}^{-1}\left[G(s)\theta_c(s)\right] \tag{7.19}$$

により求めることができる．

$K_a = 0.5, 2.0, 5.0$ に対する機体ピッチ角の変化を図 7.27 に示す．ゲインが増加するにつれて応答が振動的になり，$K_a = 5.0$ では不安定になっていること

7.2 航空機の制御　　147

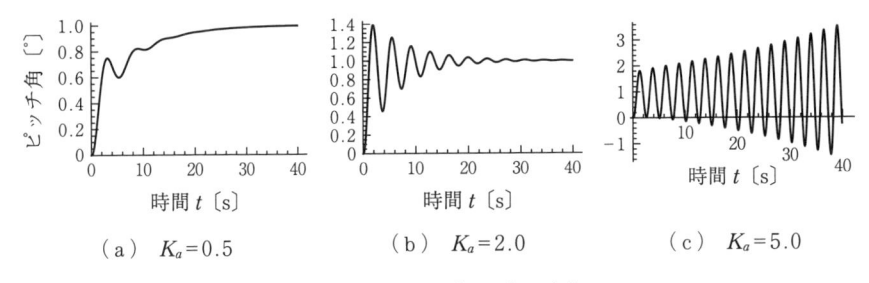

(a) $K_a=0.5$　　(b) $K_a=2.0$　　(c) $K_a=5.0$

図 7.27　機体ピッチ角の変化

がわかる。

(2) サーボゲイン K_a に対する根軌跡を図 7.28 に示す。ゲインを大きくすると複素平面の右半面に極が移動し，不安定になることがわかる。

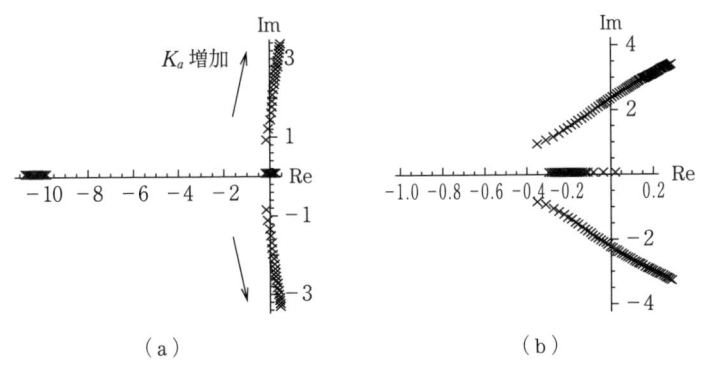

(a)　　(b)

図 7.28　根軌跡（(b)は虚軸付近の拡大図）

(3) 特性方程式は

$$s^4 + 10.75s^3 + 8.43s^2 + (11.6K_a + 9.3)s + 3.48K_a = 0 \tag{7.20}$$

である。フルビッツの判別法を用いると，以下の安定条件が得られる。

$$\left.\begin{array}{l} K_a > 0 \\ H_2 = 81.3 - 11.6K_a > 0 \\ H_3 = 756.3 + 433.3K_a - 134.6K_a^2 > 0 \\ H_4 = 3.48K_a H_3 \end{array}\right\} \tag{7.21}$$

ただし

$$H = \begin{bmatrix} 10.75 & 11.6K_a + 9.3 & 0 & 0 \\ 1 & 8.43 & 3.48K_a & 0 \\ 0 & 10.75 & 11.6K_a + 9.3 & 0 \\ 0 & 1 & 8.43 & 3.48K_a \end{bmatrix} \quad (7.22)$$

これらの条件から，$H_3>0$ であれば制御系は安定となるので，オートパイロットが安定となるゲイン K_a の範囲が，つぎのように決定できる．

$$0 < K_a < 4.4 \quad (7.23)$$

■

例題 7.12（安定増大装置）****★ 前出のオートパイロットの特性を改善するために，ピッチ角速度をフィードバックすることを考える．この場合のブロック線図は図 7.29 のようになる．このとき，オートパイロットの特性がどのように改善されるか確かめよ．

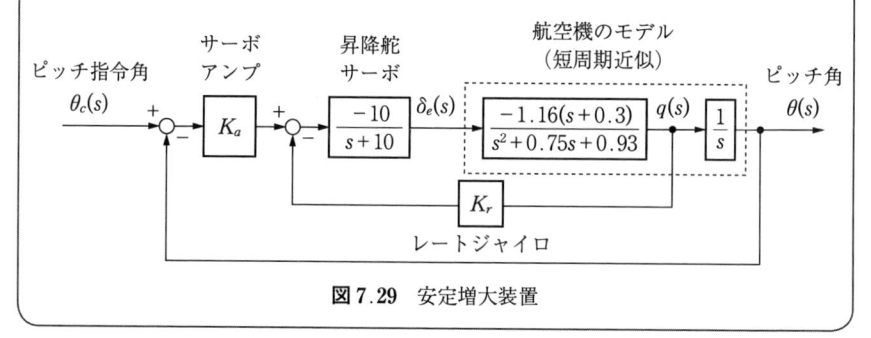

図 7.29 安定増大装置

[解答] 図 7.29 の伝達関数は

$$G(s) = \frac{11.6K_a s + 3.48K_a}{s^4 + 10.75 s^3 + (11.6K_r + 8.43)s^2 + (11.6K_a + 3.48K_r + 9.3)s + 3.48K_a} \quad (7.24)$$

となる．ここでは $K_r=4.0$ とし，例題 7.11 と同様にして，$K_a=0.5, 2.0, 5.0$ に対する機体ピッチ角の変化を求めると，図 7.30 のようになる．また，根軌跡は図 7.31 のようになる．これらの図よりピッチ角速度をフィードバックすることにより，安定性が大きく改善されることがわかる．このようなシステムを安定増大装置（SAS, Stability Augmentation System）と呼んでいる．

例題 7.11 と同様にして，フルビッツの判別法を用いると，オートパイロットが

7.2 航空機の制御　149

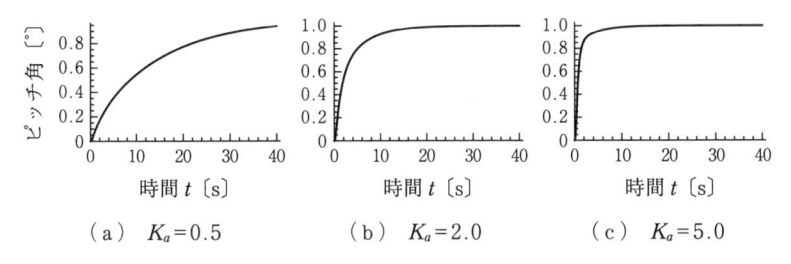

(a) $K_a = 0.5$
(b) $K_a = 2.0$
(c) $K_a = 5.0$

図 7.30　機体ピッチ角の変化（$K_r = 4.0$）

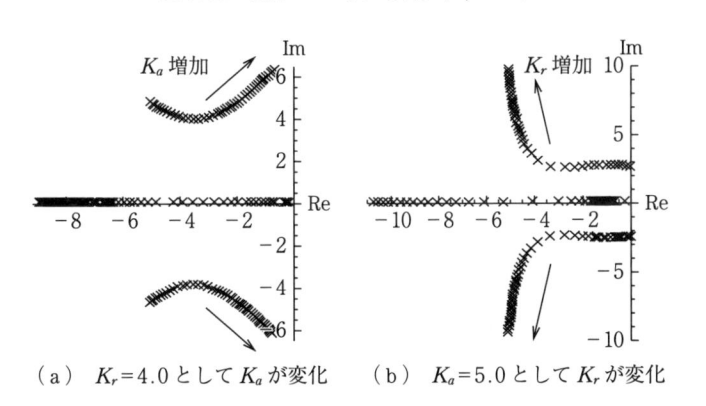

(a) $K_r = 4.0$ として K_a が変化
(b) $K_a = 5.0$ として K_r が変化

図 7.31　根軌跡

安定となるゲイン K_a の範囲が，つぎのように決定できる（章末問題 7.5 参照）。

$$0 < K_a < 45.9 \tag{7.25}$$

■

例題 7.13（ピッチ角の PID 制御）★★★★　1.5.1 項で説明した航空機のピッチング運動を考える。PID コントローラを用いてピッチ角の制御を行うオートパイロット（**図 7.32**）を設計せよ。

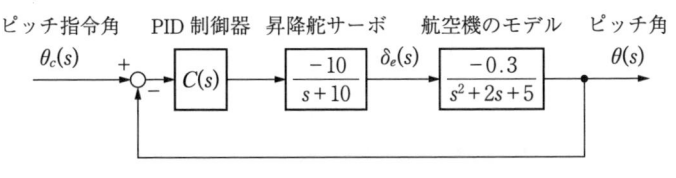

図 7.32　PID 制御器を用いたオートパイロット

150   7. 自動車と航空機の制御

[解答] PID 制御器は，つぎのように表現できる．

$$C(s) = K_P + K_D s + \frac{K_I}{s} \tag{7.26}$$

ジーグラ・ニコルスの限界感度法を用いて K_P, K_D, K_I の設計を行う．まず，比例制御のみを行った場合の安定限界を求める．この場合の，図 7.32 の制御系の根軌跡は**図 7.33** のようになる．

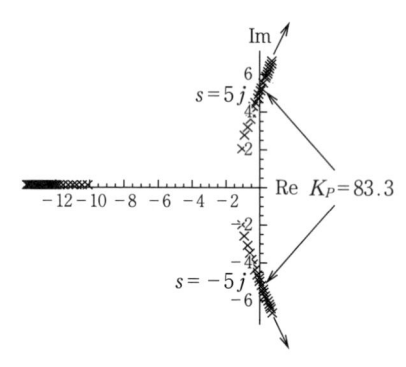

図 7.33 比例制御のみを行った場合の根軌跡

虚軸を横切る点は，$K_P = 83.3$ のときで $s = \pm 5j$ となることがわかる．したがって，安定限界ゲインは $K_C = 83.3$ となり，持続振動の周期は $T_C = 2\pi/\omega = 2\pi/5 = 1.26$ となる．このことから，限界感度法による K_P, K_D, K_I はつぎのように決定される．

$$\begin{aligned} K_P &= 0.6 K_C = 50.0 \\ K_D &= 0.6 K_C (0.125 T_C) = 7.9 \\ K_I &= 0.6 K_C / (0.5 T_C) = 79.6 \end{aligned} \tag{7.27}$$

このようにして設計した PID 制御系の単位ステップ応答を**図 7.34** に示す．

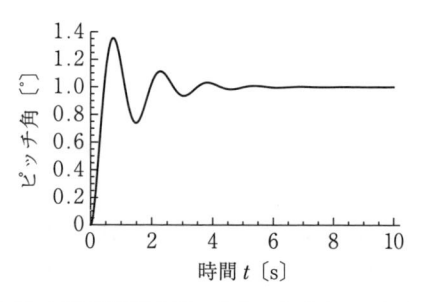

図 7.34 PID 制御器を用いたオートパイロットの応答 ∎

章 末 問 題

7.1∗∗

（1） 図7.1のブロック線図を結合して，目標速度から実際の速度までの伝達関数 $G(s)$ を求めよ．

（2） 比例ゲインを上げた際の伝達関数 $G(s)$ のボード線図を求め，定常ゲインから定常偏差が生じることを確認せよ．

7.2∗∗

（1） 図7.4のブロック線図を結合して，目標速度から実際の速度までの伝達関数 $G(s)$ を求めよ．

（2） PI制御の積分ゲインを上げた際の伝達関数 $G(s)$ のボード線図を求め，定常ゲインから定常偏差がなくなることを確認せよ．

7.3∗∗∗

（1） **問題図7.1**（a）の2自由度アクティブサスペンションの運動方程式を求めよ．

（2） 問題図7.1（b）のスカイフックダンパサスペンションの運動方程式を求めよ．さらに，問題図7.1（a）の2自由度アクティブサスペンションにお

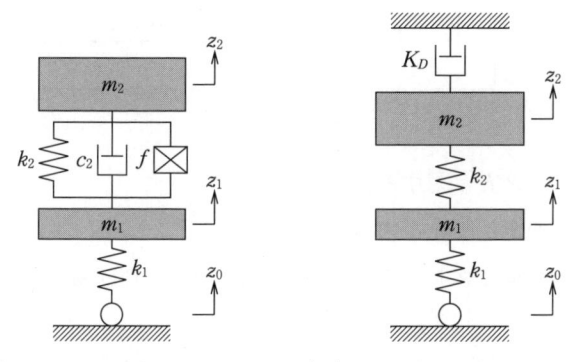

（a） アクティブサスペンション　（b） スカイフックサスペンション

問題図 7.1

いて，スカイフック制御を実現するアクチュエータの制御入力 f を導出せよ。

（3） スカイフック制御を実現する 2 自由度アクティブサスペンションの路面変位 z_0 からばね下変位 z_1，z_0 から車体変位（ばね上変位）z_2 までの各伝達関数 $G_1(s)$，$G_2(s)$ を求めよ。

7.4****★

（1） 問題図 7.1（b）のスカイフックサスペンションのスカイフックダンパの減衰係数 K_D を変化させた場合，その減衰比を $\zeta=0$, 0.3, 1.0, 2.0 として，極の変化を比較せよ。ただしばね上質量 $m_2=250$ kg，ばね下質量 $m_1=25$ kg，ばね定数 $k_2=10$ kN/m，$k_1=100$ kN/m とする。

（2） 路面変位 $z_0=0.01$ m 段差乗り上げの場合の車体変位 z_2 の応答波形，および周波数応答を求めよ。ただしパラメータは（1）と同様とし，四つの減衰比における応答を比較せよ。

7.5**★** 例題 7.12（安定増大装置）において，オートパイロットが安定となるゲインの範囲を求めよ。ただし，$K_r=4$ とする。

7.6****★

航空機のロール制御のブロック図は，**問題図 7.2** のようになる。

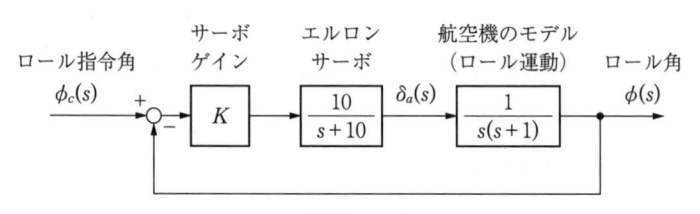

問題図 7.2

（1） サーボゲイン K に対する根軌跡を求めよ。

（2） 制御系が安定となる K の範囲を求めよ。

（3） ロール指令角に対する定常位置偏差および定常速度偏差を求めよ。

付録 制御工学のための基礎数学

1. 複 素 数

$x,\ y$ を実数とするとき，複素数はつぎのように表現される。

$$z = x + jy \tag{A.1}$$

ここで，j は虚数単位 ($j^2 = -1$) である。ここで，x を z の実部，y を虚部と呼び

$$x = \mathrm{Re}(z) \tag{A.2}$$
$$y = \mathrm{Im}(z) \tag{A.3}$$

と記述する。点 (x, y) により複素数を平面上に表示することができる（図 **A**.1）。

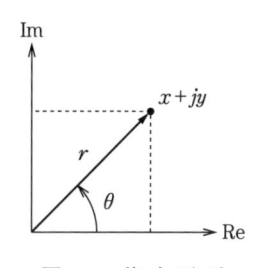

図 A.1 複 素 平 面

　点 (x, y) により構成される平面を複素平面と呼ぶ。複素平面では横軸を実軸（Re と書く），縦軸を虚軸（Im と書く）と呼ぶ。

　複素数はこのような直交座標以外に，つぎのように極座標表示することもできる。

$$x = r \cos \theta \tag{A.4}$$
$$y = r \sin \theta \tag{A.5}$$

したがって，複素数は

$$z = r(\cos \theta + j \sin \theta) \tag{A.6}$$

と表現できる。ここで，オイラーの公式

$$e^{j\theta} = \cos \theta + j \sin \theta \tag{A.7}$$

を用いれば

$$z = re^{j\theta} \tag{A.8}$$

となる。

　ここで，r を z の絶対値と呼び，$|z|$ と表現する。また，θ を z の偏角と呼び，$\arg z$ と表現する。直交座標と極座標にはつぎのような関係がある。

付録 制御工学のための基礎数学

$$r = |z| = \sqrt{x^2 + y^2} \tag{A.9}$$

$$\theta = \arg z = \tan^{-1}\frac{y}{x} \tag{A.10}$$

例題 1*
（1）複素数 $z = 1 - \sqrt{3}j$ を極座標で表せ。
（2）複素数 $z = \sqrt{2}\,e^{(\pi/4)j}$ を直交座標で表せ。

解答
（1）$r = \sqrt{1+3} = 2$, $\theta = \tan^{-1}(-\sqrt{3}/1) = -\pi/3$ より, $z = 2e^{(-\pi/3)j}$（**図 A.2**（a））。
（2）$r = \sqrt{2}$, $\theta = \pi/4$ より, $x = r\cos\theta = 1$, $y = r\sin\theta = 1$ となるので, $z = 1 + j$（図（b））。

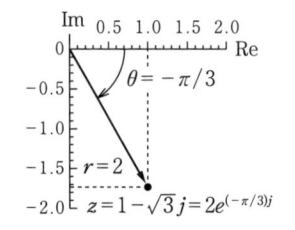

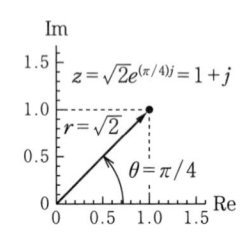

（a）複素数 $z = 1 - \sqrt{3}j$ の極座標表示　　（b）複素数 $z = \sqrt{2}e^{(\pi/4)j}$ の直交座標表示

図 A.2 複素数の直交座標表示と極座標表示

■

極座標を用いることにより，複素数の積や商の計算が容易になる。例えば

$$z_1 = r_1 e^{j\theta_1} \tag{A.11}$$
$$z_2 = r_2 e^{j\theta_2} \tag{A.12}$$

とすると

$$z_1 z_2 = r_1 r_2 e^{j(\theta_1 + \theta_2)} \tag{A.13}$$
$$z_1 / z_2 = (r_1/r_2) e^{j(\theta_1 - \theta_2)} \tag{A.14}$$

となる。

例題 2* 二つの複素数
$$z_1 = 1 + j$$
$$z_2 = 2j$$
を極座標表示し，それらの積 $z_1 z_2$ と商 z_1/z_2 を計算せよ。

解答

$$z_1 = \sqrt{2}\, e^{(\pi/4)j} \tag{A.15}$$
$$z_2 = 2 e^{(\pi/2)j} \tag{A.16}$$

より次式となる（図 **A**.3）。

$$z_1 z_2 = 2\sqrt{2}\, e^{(3\pi/4)j} \tag{A.17}$$

$$z_1 / z_2 = \frac{\sqrt{2}}{2} e^{(-\pi/4)j} \tag{A.18}$$

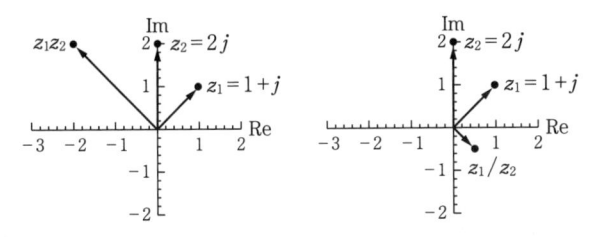

図 **A**.3　極座標表示による複素数の積と商の計算

■

複素数 $z = x + jy$ に対して，$\bar{z} = x - jy$ を共役複素数と呼ぶ。これらは複素平面の実軸に対して対称な位置にある（図 **A**.4）。

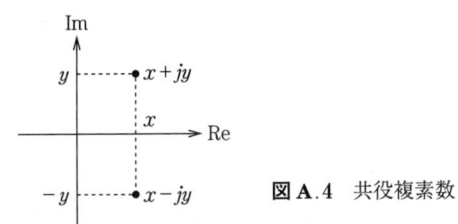

図 **A**.4　共役複素数

2. ラプラス変換

区間 $[0, \infty)$ で定義された区分的に連続な関数 $x(t)$ に対する積分

$$\lim_{T \to \infty} \int_0^T x(t) e^{-st}\, dt \tag{A.19}$$

を考える。ここで，パラメータ s は複素数であり，$s = \sigma + j\omega$ と表す。ある s に対してこの積分が収束する場合，$X(s)$ を $x(t)$ のラプラス変換と呼ぶ。

$$X(s) = \mathcal{L}[x(t)] = \int_0^\infty x(t) e^{-st}\, dt \tag{A.20}$$

$\mathcal{L}[x(t)]$ は，$x(t)$ のラプラス変換を意味する。

> **例題 3*** つぎの関数のラプラス変換を求めよ。
> （1）1 （2）t （3）e^{-at}

解答

（1）
$$\mathcal{L}[1] = \int_0^\infty 1 \cdot e^{-st} \, dt = \left[-\frac{1}{s} e^{-st}\right]_0^\infty = \frac{1}{s} \tag{A.21}$$

（2）部分積分を用いることにより

$$\mathcal{L}[t] = \int_0^\infty t \cdot e^{-st} \, dt = \left[-\frac{t}{s} e^{-st}\right]_0^\infty - \int_0^\infty \left(-\frac{1}{s} e^{-st}\right) dt = \frac{1}{s^2} \tag{A.22}$$

を得る。

（3）指数関数は，制御工学を学習していくうえで最も重要な関数の一つである。指数関数のラプラス変換は定義にしたがって，つぎのように計算される。

$$\mathcal{L}[e^{-at}] = \int_0^\infty e^{-at} \cdot e^{-st} \, dt = \int_0^\infty e^{-(s+a)t} \, dt = \left[-\frac{1}{s+a} e^{-(s+a)t}\right]_0^\infty = \frac{1}{s+a} \tag{A.23}$$

■

よく使用される基本的な関数のラプラス変換を，**表 A.1** に示す。なお，式 (A.19) の積分が収束しない場合には，ラプラス変換が存在しない。例えば，e^{t^2} はラプラス

表 A.1 基本的な関数のラプラス変換

$f(t)$	$\mathcal{L}[f(t)]$	$f(t)$	$\mathcal{L}[f(t)]$
$\delta(t)$	1	$\frac{1}{2} t^2 e^{-at}$	$\frac{1}{(s+a)^3}$
$u_s(t)$	$\frac{1}{s}$	$\frac{1}{(n-1)!} t^{n-1} e^{-at}$	$\frac{1}{(s+a)^n}$
t	$\frac{1}{s^2}$	$\sin \omega t$	$\frac{\omega}{s^2 + \omega^2}$
$\frac{1}{2} t^2$	$\frac{1}{s^3}$	$\cos \omega t$	$\frac{s}{s^2 + \omega^2}$
$\frac{1}{(n-1)!} t^{n-1}$	$\frac{1}{s^n}$	$e^{-at} \sin \omega t$	$\frac{\omega}{(s+\alpha)^2 + \omega^2}$
e^{-at}	$\frac{1}{s+a}$	$e^{-at} \cos \omega t$	$\frac{s+\alpha}{(s+\alpha)^2 + \omega^2}$
$t e^{-at}$	$\frac{1}{(s+a)^2}$		

変換が存在しない。

ラプラス変換の性質を以下に列挙する。ただし，$\mathcal{L}[f(t)] = F(s)$, $\mathcal{L}[g(t)] = G(s)$ と表現する。

1) 線形性

$$\mathcal{L}[f(t) + g(t)] = \mathcal{L}[f(t)] + \mathcal{L}[g(t)] \tag{A.24}$$

$$\mathcal{L}[\alpha f(t)] = \alpha \mathcal{L}[f(t)], \quad \alpha \text{ は任意の定数} \tag{A.25}$$

2) 微分演算

$$\mathcal{L}\left[\frac{df}{dt}\right] = sF(s) - f(0) \tag{A.26}$$

$$\mathcal{L}\left[\frac{d^n f}{dt^n}\right] = s^n F(s) - s^{n-1} f(0) - s^{n-2} f^{(1)}(0) - \cdots - f^{(n-1)}(0) \tag{A.27}$$

ここで，$f^{(n)}(t)$ は n 階微分を表す。

3) 積分演算

$$\mathcal{L}\left[\int_0^t f(\tau)\,d\tau\right] = \frac{1}{s} F(s) \tag{A.28}$$

4) ラプラス領域での推移

$$\mathcal{L}\left[e^{at} f(t)\right] = F(s - a) \tag{A.29}$$

5) 時間領域での推移

$$\mathcal{L}[f(t - \tau)] = e^{-\tau s} F(s) \tag{A.30}$$

6) 時間軸のスケーリング

$$\mathcal{L}[f(at)] = \frac{1}{a} F\left(\frac{s}{a}\right) \tag{A.31}$$

7) 合成積

$$\mathcal{L}\left[\int_0^t f(t - \tau) g(\tau)\,d\tau\right] = F(s) G(s) \tag{A.32}$$

8) 初期値の定理

$$\lim_{t \to 0} f(t) = \lim_{s \to \infty} sF(s) \tag{A.33}$$

9) 最終値の定理

$$\lim_{t \to \infty} f(t) = \lim_{s \to 0} sF(s) \tag{A.34}$$

ただし，$f(t)$ がある値に収束する場合（すなわち $sF(s)$ が安定）にのみ適用ができる。

3. 逆ラプラス変換

ラプラス領域で表現された信号 $X(s)$ は，次式により時間領域における表現となる。

$$x(t) = \mathcal{L}^{-1}[X(s)] = \frac{1}{2\pi j}\int_{c-j\infty}^{c+j\infty} X(s)e^{st}ds \tag{A.35}$$

この変換を逆ラプラス変換という。

実際には，式 (A.35) の定義にしたがって，複素積分を行って逆ラプラス変換を計算する必要はない。逆ラプラス変換を計算するのによく用いられる方法は，つぎの部分分数展開を用いる方法である。

（1） 部分分数展開による逆ラプラス変換の求め方（単極の場合）

有理関数

$$X(s) = \frac{b_m s^m + b_{m-1} s^{m-1} + \cdots + b_1 s + b_0}{s^n + a_{n-1} s^{n-1} + \cdots + a_1 s + a_0} \tag{A.36}$$

を考える。ただし，$m > n$ とする。極 p_i が相異なる値をとる場合（単極の場合），$X(s)$ はつぎのように表現することができる。

$$X(s) = K\frac{(s-z_1)(s-z_2)\cdots(s-z_m)}{(s-p_1)(s-p_2)\cdots(s-p_n)} \tag{A.37}$$

$X(s)$ はつぎのように展開できる。

$$X(s) = \frac{A_1}{s-p_1} + \frac{A_2}{s-p_2} + \cdots + \frac{A_n}{s-p_n} \tag{A.38}$$

これを $X(s)$ の部分分数展開という。係数 A_i は次式で求めることができる。

$$A_i = \lim_{s \to p_i}(s-p_i)X(s) \tag{A.39}$$

$X(s)$ を逆ラプラス変換すると，つぎのようになる。

$$x(t) = \mathcal{L}^{-1}[X(s)] = A_1 e^{p_1 t} + A_2 e^{p_2 t} + \cdots + A_n e^{p_n t} \tag{A.40}$$

例題 4* つぎの関数の逆ラプラス変換を求めよ。

$$X(s) = \frac{s+3}{(s+1)(s+2)} \tag{A.41}$$

[解答] まず，関数を部分分数に展開する。

$$X(s) = \frac{A}{s+1} + \frac{B}{s+2} \tag{A.42}$$

つぎに，係数 A, B を求める。係数はつぎのようにして求めることができる。

$$\frac{A}{s+1} + \frac{B}{s+2} = \frac{s+3}{(s+1)(s+2)} \tag{A.43}$$

であるので，この両辺に $s+1$ をかけると

$$A + \frac{B(s+1)}{s+2} = (s+1)\frac{s+3}{(s+1)(s+2)} \tag{A.44}$$

ここで，s を -1 に近づければ

$$A = \lim_{s \to -1}(s+1)\frac{s+3}{(s+1)(s+2)} = 2 \tag{A.45}$$

が得られる。同様にして

$$B = \lim_{s \to -2}(s+2)\frac{s+3}{(s+1)(s+2)} = -1 \tag{A.46}$$

が得られる。

得られた係数から，部分分数展開がつぎのように完成する。

$$X(s) = \frac{2}{s+1} - \frac{1}{s+2} \tag{A.47}$$

指数関数では，つぎの関係

$$\mathcal{L}[e^{-at}] = \frac{1}{s+a} \tag{A.48}$$

が成り立っていたから

$$x(t) = \mathcal{L}^{-1}[X(s)] = 2e^{-t} - e^{-2t} \tag{A.49}$$

となる。 ∎

（2） 部分分数展開による逆ラプラス変換（重極の場合）

極 p_1 が k 重の値をとるとき，$X(s)$ はつぎのように表現することができる。

$$X(s) = K\frac{(s-z_1)(s-z_2)\cdots(s-z_m)}{(s-p_1)^k(s-p_{k+1})\cdots(s-p_n)} \tag{A.50}$$

$X(s)$ はつぎのように展開できる。

$$x(s) = \frac{a_1}{(s-p_1)^k} + \frac{a_2}{(s-p_1)^{k-1}} + \cdots + \frac{a_k}{s-p_1} + \frac{A_{k+1}}{s-p_{k+1}} + \cdots + \frac{A_n}{s-p_n} \tag{A.51}$$

係数 A_i，a_i は次式で求めることができる。

$$A_i = \lim_{s \to p_i}(s-p_i)X(s), \quad i = k+1, \cdots, n \tag{A.52}$$

$$a_i = \lim_{s \to p_1}\left[\frac{d^{i-1}}{ds^{i-1}}(s-p_1)^k X(s)\right], \quad i = 1, \cdots, k \tag{A.53}$$

これを逆ラプラス変換すると

$$x(t) = \left(\frac{a_1}{(k-1)!}t^{k-1} + \cdots + a_k\right)e^{p_1 t} + A_{k+1}e^{p_{k+1}t} + \cdots + A_n e^{p_n t} \tag{A.54}$$

を得る。

例題 5* つぎの関数の逆ラプラス変換を求めよ。
$$X(s) = \frac{s+3}{(s+2)^2} \tag{A.55}$$

[解答] この関数は -2 に 2 重極がある。この関数の部分分数展開は
$$X(s) = \frac{A}{(s+2)^2} + \frac{B}{s+2} \tag{A.56}$$
となる。ここで，係数 A, B を決めるわけであるが，A は単極の場合と同様にして求めることができる。すなわち，両辺に $(s+2)^2$ をかけて，s を -2 に近づけると
$$A = \lim_{s \to -2} (s+2)^2 \frac{s+3}{(s+2)^2} = 1 \tag{A.57}$$
となる。

係数 B はつぎの方法により求める。
$$X(s) = \frac{A}{(s+2)^2} + \frac{B}{s+2} \tag{A.58}$$
の両辺に $(s+2)^2$ をかけたものは
$$A + B(s+2) = (s+2)^2 X(s) \tag{A.59}$$
となる。この式の両辺を s で微分すると
$$B = \frac{d}{ds}\left[(s+2)^2 X(s)\right] = \frac{d}{ds}\left[(s+2)^2 \frac{s+3}{(s+2)^2}\right] = \frac{d}{ds}(s+3) = 1 \tag{A.60}$$
となる。したがって，つぎの結果を得る。
$$X(s) = \frac{1}{(s+2)^2} + \frac{1}{s+2} \tag{A.61}$$
これを逆ラプラス変換するとつぎのようになる。
$$x(t) = \mathcal{L}^{-1}\left[X(s)\right] = te^{-2t} + e^{-2t} = (t+1)e^{-2t} \tag{A.62}$$
■

引用・参考文献

永井正夫, 景山一郎, 田川泰敬：振動工学通論, 産業図書（1995）
安部正人：自動車の運動と制御, 東京電機大学出版局（2008）
日本機械学会 編：車両システムのダイナミックスと制御, 養賢堂（1999）
日本機械学会 編：制御工学（JSME テキストシリーズ）, 日本機械学会（2002）
杉江俊治, 藤田政之：フィードバック制御入門, コロナ社（1999）
足立修一：MATLAB による制御工学, 東京電機大学出版局（1999）
木田隆：フィードバック制御の基礎, 培風館（2003）
小林伸明：基礎制御工学, 共立出版（1988）
金井喜美雄：制御システム設計, 槇書店（1982）
藤堂勇雄：制御工学基礎理論, 森北出版（1987）
早勢実：システム制御工学入門, オーム社（1980）
吉本堅一・松下修己：Mathematica で学ぶ振動とダイナミクスの理論, 森北出版（2004）
毛利宏, 古性裕之：自動車線追従走行の検討—第1報：LQ 制御と PD 制御の比較—, 自動車技術会論文集, Vol. 30, No. 1, pp.121〜126（1999）

章末問題解答

1 章

1.1 自由物体図は**解答図 1.1**のようになる。

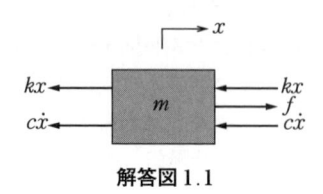

解答図 1.1

自由物体図より，運動方程式は，$m\ddot{x} = \sum F = -2c\dot{x} - 2kx + f$ となり，これを整理すると，$m\ddot{x} + 2c\dot{x} + 2kx = f$ となる。

1.2 θ が微小の場合，運動方程式は

$$ml^2 \ddot{\theta} = \sum M = -mgl\theta - (a\theta k + a\dot{\theta}c)a + \tau$$

となる。これを整理すると

$$ml^2 \ddot{\theta} + a^2 c\dot{\theta} + (mgl + a^2 k)\theta = \tau$$

となる。

1.3 （1） 式 (1.31) と式 (1.32) をみると，$l_f c_f - l_r c_r$，$l_f k_f - l_r k_r$ を介して重心の上下運動（z に関する式）とピッチング運動（θ に関する式）がたがいに影響を及ぼしていることがわかる。このように，運動モードがたがいに影響を及ぼしあうことを連成という。したがって，$l_f c_f - l_r c_r = 0$，$l_f k_f - l_r k_r = 0$ となればたがいの運動は影響を受けない。

（2） 図 1.26 の支持系の支持点の上下変位 z_{f1}，z_{r1} は，微小回転角 θ を用いて，$z_{f1} = z - l_f \theta$，$z_{r1} = z + l_r \theta$ となる。また，ホイールベース $l = l_f + l_r$ を用いると，車体重心上下変位 z と車体重心点まわりのピッチ角 θ は，$z = (l_r z_{f1} + l_f z_{r1})/l$，$\theta = (z_{r1} - z_{f1})/l$ となる。$I_p = m l_f l_r$ の関係が成り立つとき，式 (1.25) と式 (1.26) より，$(m/l)(l_r \ddot{z}_{f1} + l_f \ddot{z}_{r1}) = F_f + F_r$，$(m l_f l_r / l)(\ddot{z}_{r1} - \ddot{z}_{f1}) = -l_f F_f + l_r F_r$ となり，これらを整理すると $(m l_r / l)\ddot{z}_{f1} = F_f$，$(m l_f / l)\ddot{z}_{r1} = F_r$ となる。式 (1.27) と式 (1.28) をこれらの式に代入すると $(m l_r / l)\ddot{z}_{f1} = -c_f(\dot{z}_{f1} - \dot{z}_{f0}) - k_f(z_{f1} - z_{f0})$，$(m l_f / l)\ddot{z}_{r1} = -c_r(\dot{z}_{r1} - \dot{z}_{r0}) - k_r(z_{r1} - z_{r0})$ が得られる。したがって，前後のサスペンション位置における車体上下

振動は，たがいに影響を及ぼしあうことなく，非干渉となる。

2 章

2.1 振り子の運動方程式は $ml^2\ddot{\theta} + mgl\theta = \tau$ となる。両辺をラプラス変換すると，$(ml^2s^2 + mgl)\theta(s) = \tau(s)$ となるので，伝達関数は

$$G(s) = \frac{\theta(s)}{\tau(s)} = \frac{1}{ml^2s^2 + mgl} = \frac{1/(ml^2)}{s^2 + (g/l)}$$

となる。

2.2 $Y(s) = G(s)U(s) = \{1/(s^2+1)\}U(s)$ より，$(s^2+1)Y(s) = U(s)$, $s^2Y(s) + Y(s) = U(s)$ が得られる。これを，逆ラプラス変換して時間領域に戻すと，$\ddot{y} + y = u$ が得られる。これは例えば，図 2.1 質量・ばね・ダンパ系（1）において $m=1$, $c=0$, $k=1$ としたものである。

2.3 伝達関数 $G_3(s)$ と $G_4(s)$ とを並列結合する。その後結合したブロックと $G_2(s)$ とを直列結合する。最後に結合したブロックと $G_1(s)$ とをフィードバック結合する。結合されたブロック線図を**解答図 2.1** に示す。

$$X(s) \longrightarrow \boxed{\dfrac{G_1(s)}{1 + G_1(s)G_2(s)\{G_3(s) - G_4(s)\}}} \longrightarrow Y(s)$$

解答図 2.1

2.4 **解答図 2.2** のように順次簡単化を行う。

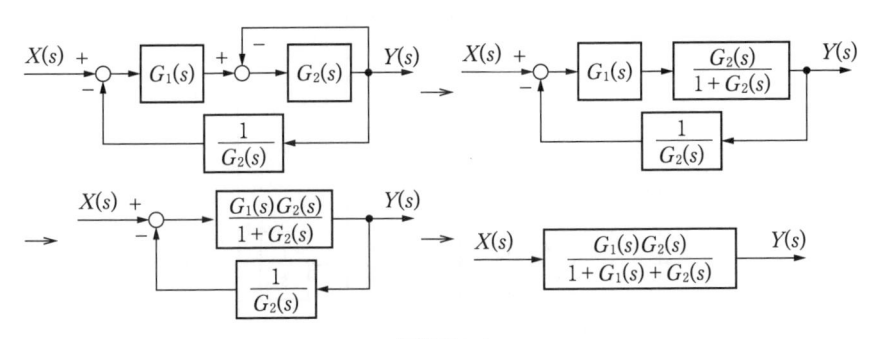

解答図 2.2

2.5 **解答図 2.3** のように順次簡単化を行う。

解答図より，伝達関数は

$$\frac{Z(s)}{Z_0(s)} = \frac{cs + k}{ms^2 + cs + k}$$

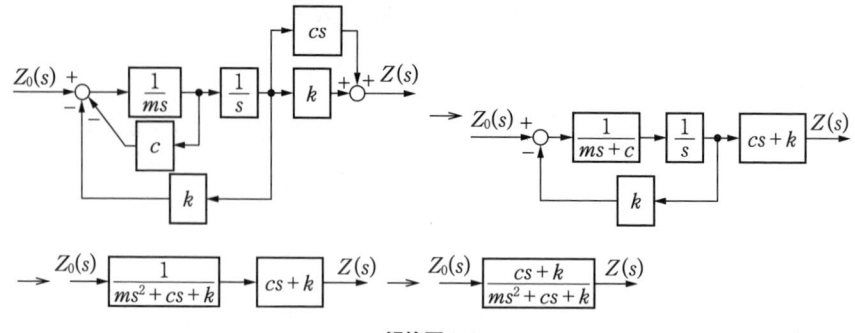

解答図 2.3

となり，例題 2.2 で求めた伝達関数と一致する。

2.6 上下 2 自由度サスペンションのブロック線図を**解答図 2.4** に示す。上下 2 自

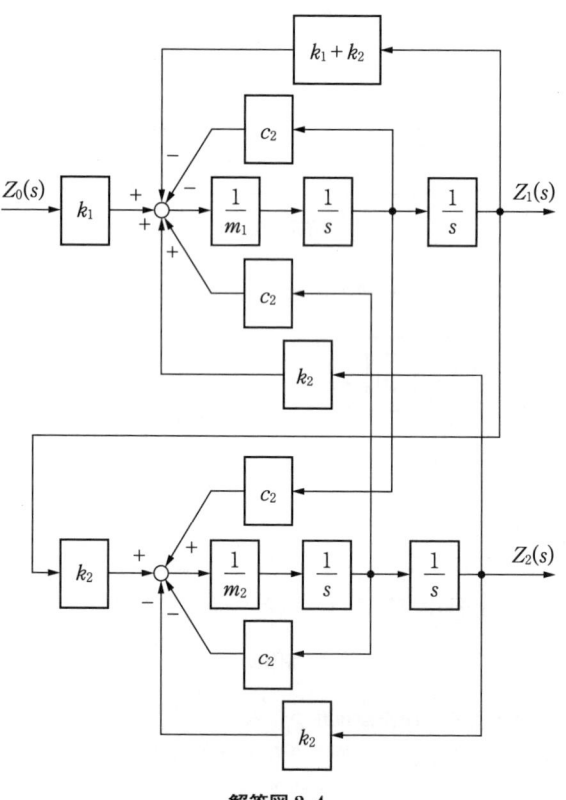

解答図 2.4

由度サスペンションでは，ばね定数 k_2，減衰係数 c_2 を介して，ばね上，ばね下相互に変位，速度が連成していることが特徴である．

2.7 上下・ピッチングの2自由度サスペンションのブロック線図を**解答図2.5**に示す．上下・ピッチングの2自由度サスペンションでは，$l_f k_f - l_r k_r$, $l_f c_f - l_r c_r$ を介して，変位（角度），速度（角速度）が連成していることが特徴である．またパラメータによって，これらの連成の影響を排除する（$l_f k_f - l_r k_r = 0$, $l_f c_f - l_r c_r = 0$）ことが可能である．

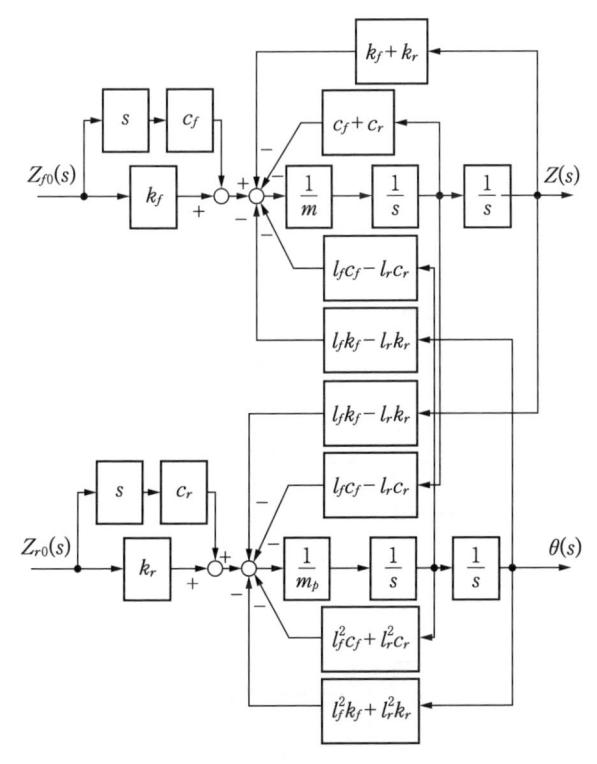

解答図2.5

2.8 等価二輪モデルのブロック線図は**解答図2.6**のようになる．

　この図からわかるように，ブロック線図上部の横運動に着目すると，横変位 y に対して力を発生するような復元力に相当するものが存在しない．そのため，一旦コースから外れると自動車自らではコースに戻ることができず，ドライバのハンドル操作のように目標コースに沿って走らせるための何かしらの制御が必要になることがわかる．

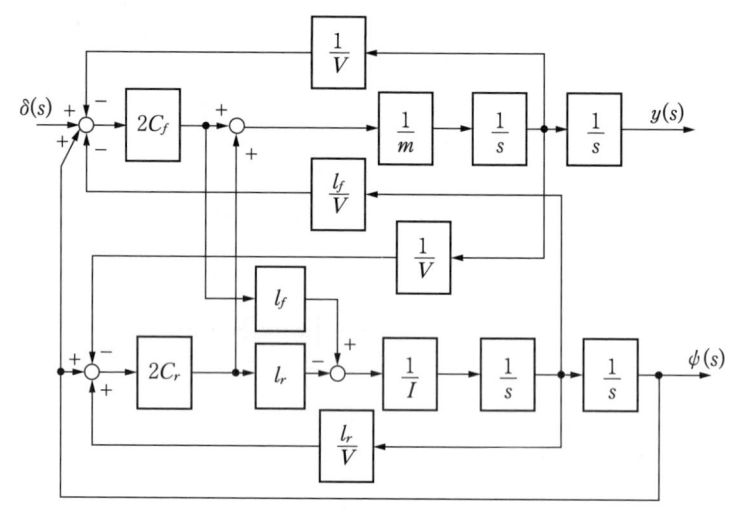

解答図 2.6

2.9 運動方程式より，**解答図 2.7** のようなブロック線図が得られる。

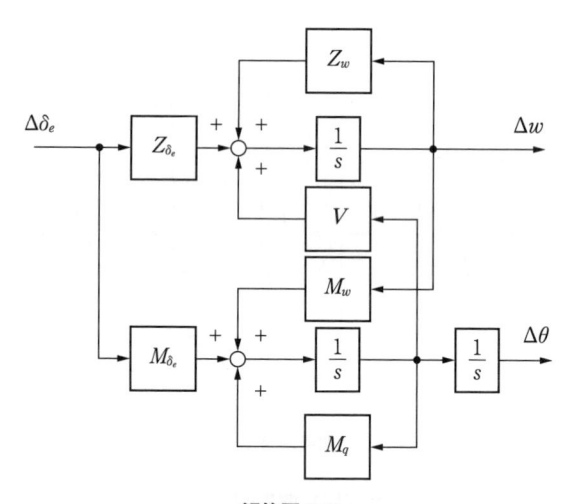

解答図 2.7

3 章

3.1 図 1.10 の伝達関数は，$G(s) = 1/(ms^2 + cs + k)$ である。ステップ入力に対して物体が振動しないで減衰するためには，伝達関数の極が実軸上にあればよい。したがって，2 次方程式 $ms^2 + cs + k = 0$ が実数解を持つための条件は判別式 D

$=c^2-4mk$ が正か 0 となればよい．よって，$c^2-4mk \geq 0$ が求める条件となる．

3.2　$y(t) = 1 - \cos t$ をラプラス変換すると，$Y(s) = \mathcal{L}[y(t)] = (1/s) - \{s/(s^2+1)\} = 1/\{s(s^2+1)\}$ となる．伝達関数は，$G(s) = Y(s)/U(s)$，$U(s) = 1/s$ より，$G(s) = 1/(s^2+1)$ となる．

3.3　1次遅れ要素のステップ応答は式 (3.40) から，$y(t) = (1 - e^{-t/T})$ となる．この式に $t = T$ を代入すると，$y(T) = 1 - e^{-1} = 0.632$ となるので，定常値の 63.2 ％に達することがわかる．また，$t = 3T$ では，$y(3T) = 1 - e^{-3} = 0.950$ となるので，定常値の 95 ％に達する．

3.4　$G(s) = \tau s/(\tau s+1) = 1 - \{1/(\tau s+1)\}$ であるので，ステップ応答は，$Y(s) = G(s)/s = 1/s - [1/\{s(\tau s+1)\}]$ となる．これを逆ラプラス変換すると，$y(t) = 1 - (1 - e^{-t/\tau}) = e^{-t/\tau}$ となる．$\tau = 1$ の場合のステップ応答を**解答図 3.1** に示す．ウォッシュアウトフィルタは過渡状態においてのみ出力があり，定常状態では出力がないことがわかる．ウォッシュアウトフィルタは，過渡状態においてのみフィードバックが働くようにするために使われることがある．

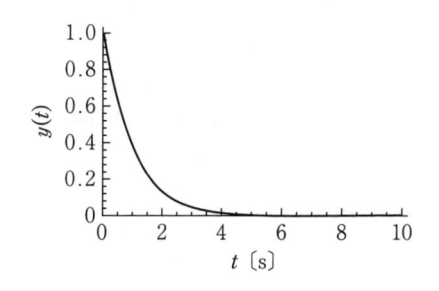

解答図 3.1

3.5　（1）　駆動力が 3 000 N になった場合の速度は $v(t) = 30(1 - e^{-0.1t})$ となり，4 000 N の場合は $v(t) = 40(1 - e^{-0.1t})$ となる．駆動力を増加させた場合のステップ応答を**解答図 3.2** に示す．速度の収束値は，駆動力とともに増加して，駆動力が当初の 2 倍の 4 000 N の場合，速度も 2 倍の 40 m/s（144 km/h）となっている．時定数は，質量と減衰係数により決まるので，駆動力の影響は受けず，10 s のままである．スタート時の加速度は，時定数が変化せず，速度の収束値が駆動力に比例しているので，2 m/s^2 から 4 m/s^2 と増加していることがわかる．

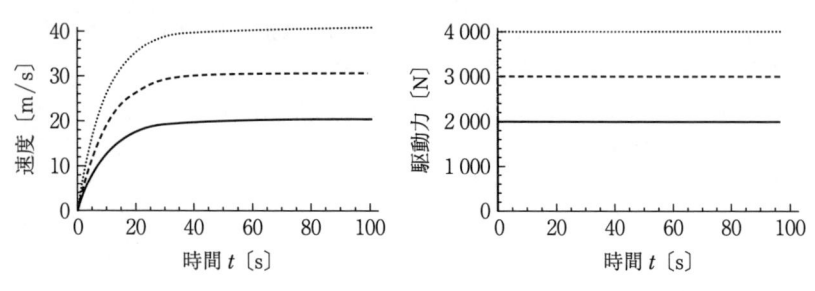

解答図 3.2

（2） 減衰係数が 75 N s/m になった場合の速度は $v(t) = 26.67(1-e^{-0.075t})$ となり，50 N s/m の場合は $v(t) = 40(1-e^{-0.05t})$ となる．減衰係数を減少させた場合の速度のステップ応答を**解答図 3.3** に示す．速度の定常値は減衰係数に反比例するので，減衰係数が減少すると，20 m/s（72 km/h）から 40 m/s（144 km/h）に増加する．時定数も減衰係数に反比例するので，減衰係数の減少に対して，10 s から 20 s に増加する．スタート時の加速度は，速度の定常値の増加に対して時定数も増加するため，$20/10 = 40/20 = 2$ m/s^2 で一定となり，減衰係数の影響は受けないことがわかる．また，伝達関数の極の変化を**解答図 3.4** に示す．この図より，減衰係数を減少させると，極が原点に近づくことがわかる．

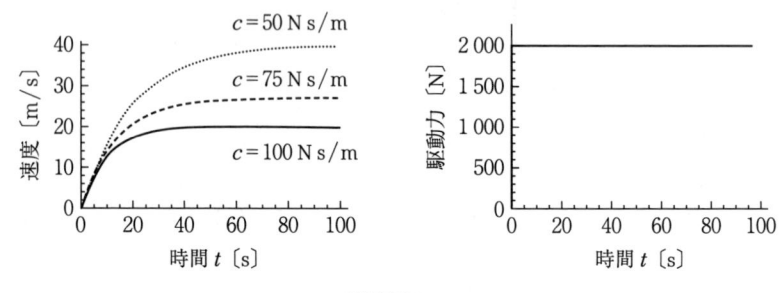

解答図 3.3

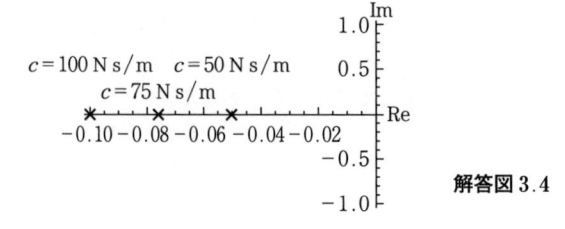

解答図 3.4

（3） 質量が750 kgになった場合の速度は $v(t) = 20(1-e^{-0.133t})$ となり，500 kgの場合は $v(t) = 20(1-e^{-0.2t})$ となる。質量を減少させた場合の速度のステップ応答を**解答図3.5**に示す。速度の収束値は質量に依存しないため，質量を減少させても20 m/sのままである。時定数は質量に比例するため，10 sから5 sに減少している。時定数の減少に伴い，スタート時の加速度は，2 m/s^2 から 4 m/s^2 と増加していることがわかる。また，伝達関数の極の変化を**解答図3.6**に示す。この図より，質量を減少させると，極が原点から遠ざかることがわかる。

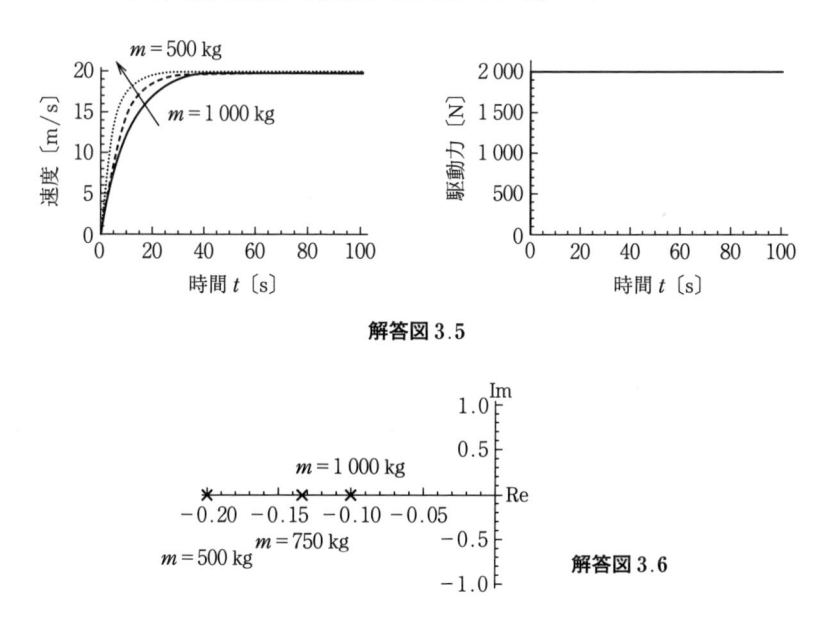

解答図 3.5

解答図 3.6

3.6 **解答図3.7**に速度を変化させた場合の極の変化を示す。速度の増加とともに，

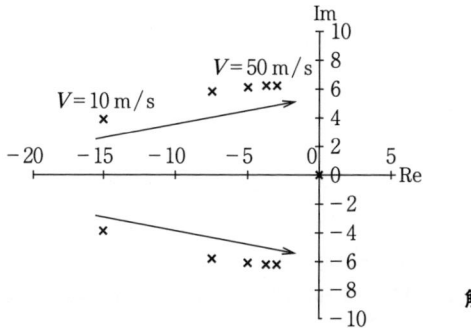

解答図 3.7

減衰比が小さくなることが確認できる。

3.7（1） $\omega_n=6.32\,\mathrm{rad/s}$ 一定，$\zeta=0.02,\ 0.2,\ 1,\ 2$ となり，不足減衰の $\zeta=0.02,\ 0.2$ の場合は式 (3.77)，臨界減衰の $\zeta=1$ の場合は式 (3.76)，過減衰の $\zeta=2$ の場合は式 (3.75) を用いて応答を求めるとつぎのようになる。減衰係数を大きくしていくと振動が抑えられることがわかる（**解答図 3.8**）。

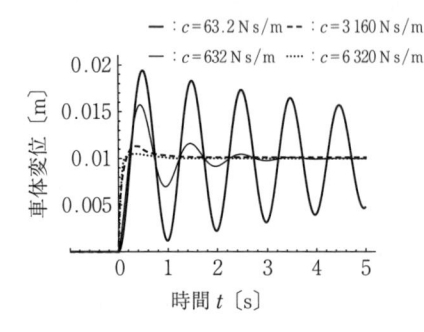

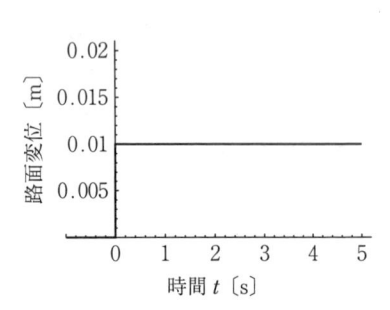

解答図 3.8

（2） $\omega_n=3.16,\ 6.32,\ 12,\ 6\,\mathrm{rad/s}$，$\zeta=0.4,\ 0.2,\ 0.1$ となり，すべて不足減衰であるため式 (3.77) を用いて応答を求めると以下のようになる。ばね定数を大きくしていくと振動の周期が短くなっていくことがわかる（**図 3.9**）。

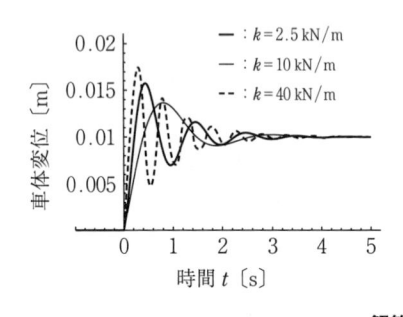

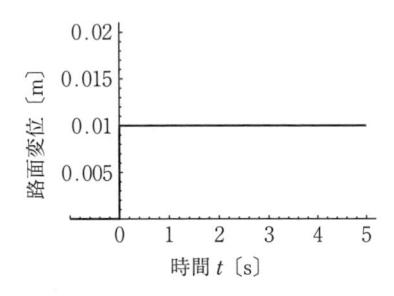

解答図 3.9

3.8（1） $c_2=2\zeta\sqrt{m_2k_2}$ より，$c_2=0,\ 6.32\times10^2,\ 1.58\times10^3,\ 3.16\times10^3$（$\zeta=0,\ 0.2,\ 0.5,\ 1$）

式 (2.16) より伝達関数 $G_2(s)$ の（分母多項式）$=0$ より
$$s^4+2(1+\mu)\zeta\omega_2 s^3+\{\omega_1^2+(1+\mu)\omega_2^2\}s^2+2\zeta\omega_1^2\omega_2 s+\omega_1^2\omega_2^2=0$$

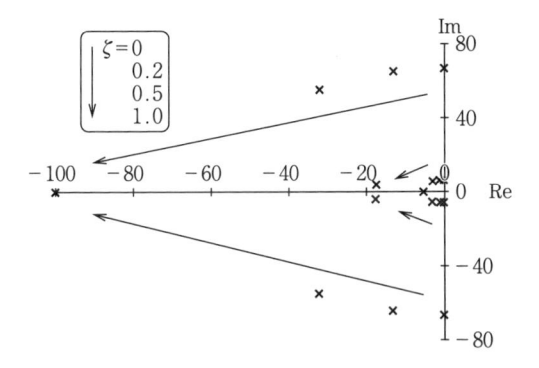

章末問題解答　171

解答図 3.10

$\mu = m_2/m_1 = 10$ より，減衰比 $\zeta = 0, 0.2, 0.5, 1.0$ とした際の極は**解答図 3.10** のとおりに変化する．

（2）ブロック線図の並列結合より

$$G_2(s) - G_1(s) = \frac{-\omega_1^2 s^2}{s^4 + 2(1+\mu)\zeta\omega_2 s^3 + \{\omega_1^2 + (1+\mu)\omega_2^2\}s^2 + 2\zeta\omega_1^2\omega_2 s + \omega_1^2\omega_2^2}$$

段差乗り上げのように路面がステップ状に変化し入力される場合，ばね上質量とばね下質量の相対変位はつぎのようになる．

$$Z_2(s) - Z_1(s) = \{G_2(s) - G_1(s)\}Z_0(s)$$
$$= \frac{-\omega_1^2 s^2}{s^4 + 2(1+\mu)\zeta\omega_2 s^3 + \{\omega_1^2 + (1+\mu)\omega_2^2\}s^2 + 2\zeta\omega_1^2\omega_2 s + \omega_1^2\omega_2^2} \cdot \frac{z_s}{s}$$

同様に，ばね下変位の伝達関数より，段差乗り上げのように路面がステップ状に変化し入力される場合，ばね下質量の変位はつぎのようになる．

$$Z_1(s) = G_1(s)Z_0(s)$$
$$= \frac{\omega_1^2 s^2 + 2\zeta\omega_1^2\omega_2 s + \omega_1^2\omega_2^2}{s^4 + 2(1+\mu)\zeta\omega_2 s^3 + \{\omega_1^2 + (1+\mu)\omega_2^2\}s^2 + 2\zeta\omega_1^2\omega_2 s + \omega_1^2\omega_2^2} \cdot \frac{z_s}{s}$$

この式を逆ラプラス変換すると時間応答が求まる．具体的に計算した 2 自由度サスペンションモデルのばね上，ばね下の相対変位 $z_2 - z_1$ とばね下質量の変位 z_1 のステップ応答を**解答図 3.11** に示す

図 3.27 の車体変位 z_2 のステップ応答と比較すると，相対変位 $z_2 - z_1$ とばね下質量の変位 z_1 は，減衰係数の取り方によってかなり振動状態が異なることがわかり，注意が必要である．

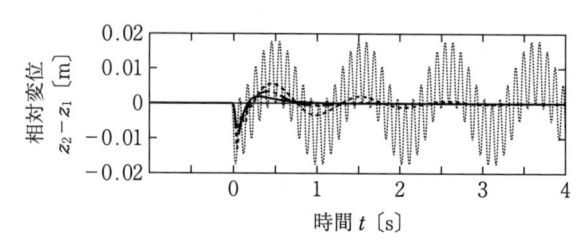

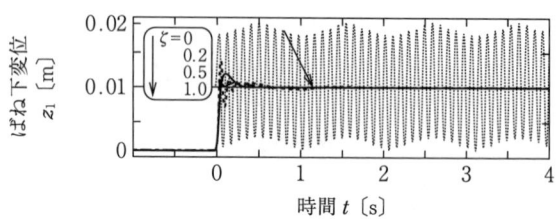

解答図 3.11

3.9 伝達関数は，式 (2.32) より

$$G(s) = \frac{\Delta\theta(s)}{\Delta\delta_e(s)} = \frac{-1.16(s+0.3)}{s(s^2+0.75s+0.93)}$$

である。1°のステップ状の上げ舵操作を行うので

$$\Delta\theta(s) = G(s)\Delta\delta_e(s) = \frac{-1.16(s+0.3)}{s(s^2+0.75s+0.93)} \times \frac{-1}{s} = \frac{1.16(s+0.3)}{s^2(s^2+0.75s+0.93)}$$

となる。これを逆ラプラス変換し

$$\Delta\theta(t) = \mathcal{L}^{-1}[\Delta\theta(s)]$$

として機体の応答を求めることができる。**解答図 3.12** に計算した応答を示す。

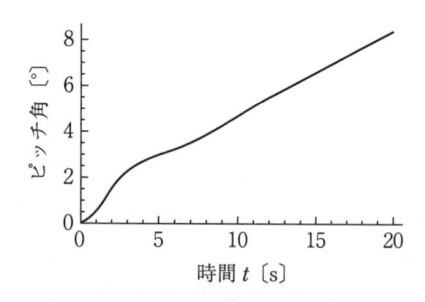

解答図 3.12

4 章

4.1 1次遅れ要素の正弦波に対する定常応答は，式 (4.32) から

$$y_s(t) = \frac{1}{\sqrt{1+(\omega T)^2}} \sin\{\omega t - \tan^{-1}(\omega T)\}$$

である．ここで，$\omega=2$，$T=3$ を代入すると，$y_s(t)=0.16\sin(2t-1.4)$ を得る．

4.2 むだ時間要素の周波数伝達関数は，$G(j\omega)=e^{-j\omega L}$ で与えられる．これは，複素平面上で半径が1の円のベクトル軌跡を描く．したがって，ゲイン特性は，$20\log_{10}|e^{-j\omega L}|=20\log_{10}1=0$ dB，位相は $\angle G(j\omega)=-\omega L$ となる．むだ時間要素は，ゲインがつねに 1（0 dB）になるため，信号をすべての周波数で通過させる全域通過特性をもち，位相は周波数に比例して遅れる特性を有している．

4.3 2次遅れ要素のゲインは

$$|G(j\omega)| = \sqrt{\frac{\omega_n^4}{(\omega_n^2-\omega^2)^2+(2\zeta\omega_n\omega)^2}} = \frac{1}{\sqrt{(1-\Omega^2)^2+(2\zeta\Omega)^2}}$$

である．ただし，$\Omega=\omega/\omega_n$ である．ゲインが最大になる Ω は，$(1-\Omega^2)^2+(2\zeta\Omega)^2$ が最少となる Ω となることは明らかであるから，$d((1-\Omega^2)^2+(2\zeta\Omega)^2)/d\Omega=0$ から $\Omega=\sqrt{1-2\zeta^2}$ が得られる．したがって，ゲインが最大となる角周波数（共振角周波数と呼ぶ）は，$\omega=\sqrt{1-2\zeta^2}\,\omega_n$ となる．ただし，$\zeta<1/\sqrt{2}=0.707$ である．$1-2\zeta^2<0$ であれば，最大となる Ω が存在しない．**解答図 4.1** に，ζ を変化させた場合のゲインが最大となる Ω の位置を示す．ζ が大きくなるにつれて，ゲインが最大となる Ω が減少し $\zeta>0.707$ では，最大値が存在しない．

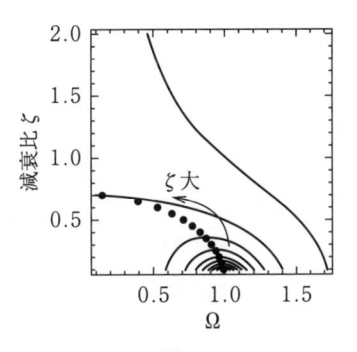

解答図 4.1

4.4 ゲインはつぎの計算が成り立つことから明らかであろう．

$$20\log_{10}|G(j\omega)| = 20\log_{10}|G_1(j\omega)G_2(j\omega)\cdots G_n(j\omega)|$$
$$= 20\log_{10}|G_1(j\omega)| + 20\log_{10}|G_2(j\omega)| + \cdots + 20\log_{10}|G_n(j\omega)|$$

位相については，複素ベクトルの極座標表現を用いることにより，$G_1(j\omega) = r_1 e^{j\theta_1}$, $G_2(j\omega) = r_2 e^{j\theta_2}$, $\cdots$, $G_n(j\omega) = r_n e^{j\theta_n}$ と表現すると，$G(j\omega) = r_1 r_2 \cdots r_n e^{(\theta_1 + \theta_2 + \cdots + \theta_n)}$ となるから

$$\angle G(j\omega) = \theta_1 + \theta_2 + \cdots + \theta_n = \angle G_1(j\omega) + \angle G_2(j\omega) + \cdots + \angle G_n(j\omega)$$

が成り立つ．

4.5 （1）減衰係数を減少させた場合の駆動力に対する速度のボード線図を**解答図 4.2** に示す．減衰係数を減らすと，低周波数側の定常ゲインが増加している．章末問題3.5の時間応答において定常値が増加したことに対応しており，減衰係数が半分になると定常値は2倍になるが，2倍は約6 dBの増加に相当し，ちょうど−40 dBから約−34 dBに増加していることがわかる．時定数は，減衰係数の減少とともに増加するが，その影響は遮断周波数に表れ，時定数が2倍になると遮断数周波数は半分の0.5 rad/sとなる．高周波数側の応答は変化しておらず，ステップ状の駆動力が入力されるスタート時の加速度が変化しない理由は，高周波数側の特性が変わらないためである．

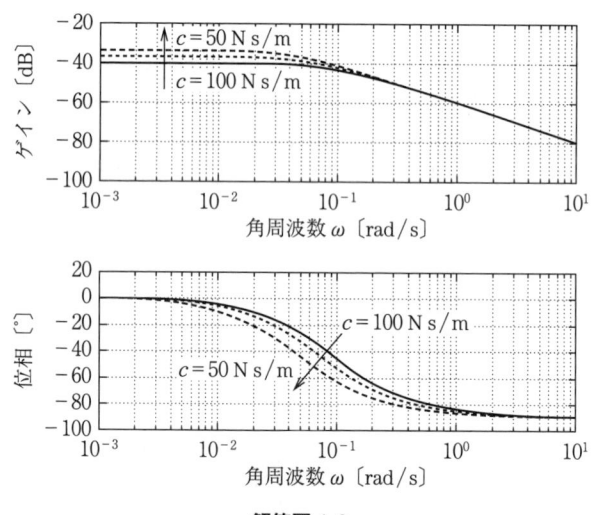

解答図 4.2

（2）質量を減少させた場合の駆動力に対する速度のボード線図を**解答図 4.3** に示す．章末問題の時間応答において，質量により定常値が変化しないことからもわかるように，定常ゲインに変化はみられない．時定数が減少することにより，遮断周波数は増加し，2 rad/sとなっている．また，高周波数側でゲインが増加していて，質量減少とともにスタート

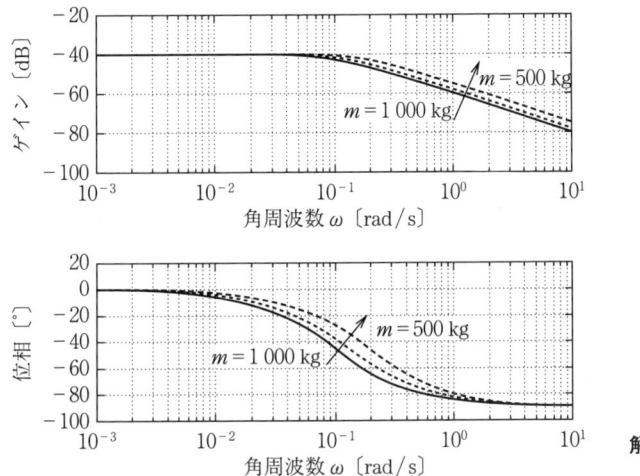

解答図 4.3

時の加速度が増加することを表している。

4.6 (1) $\omega_n=6.32\,\mathrm{rad/s}$ 一定，$\zeta=0.02, 0.2, 1, 2$ となり，**解答図 4.4** に，ボード線図を示す。2次遅れ要素のボード線図（図 4.21）と異なり，減衰係数のみを変化させた場合，ゲインは $\omega=\sqrt{2}\,\omega_n(=8.94\,\mathrm{rad/s})$ で 0 dB となる定点がある。減衰係数が小さい場合，定点より低い角周波数ではゲインが大きく，定点より高い角周波数ではゲインが小さくなり，減衰係数を大きくすると，定点より低い角周波数ではゲインは減少するが，定点より高い角周波数ではゲインが増大する。

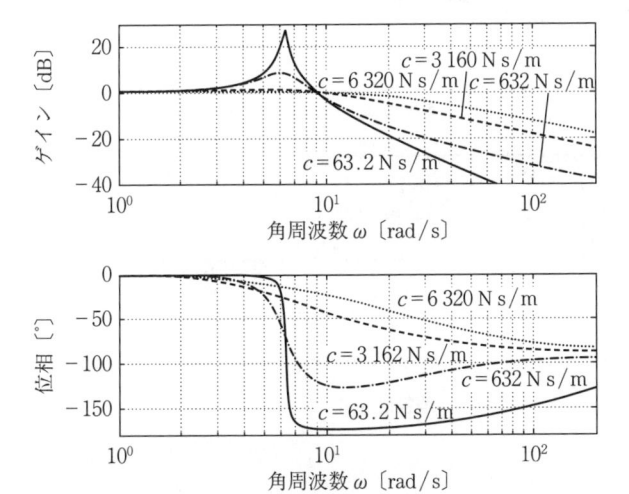

解答図 4.4

176　　章末問題解答

(2) $\omega_n = 3.16, 6.32, 12.6 \text{ rad/s}$, $\zeta = 0.4, 0.2, 0.1$ となり，**解答図 4.5** にボード線図を示す．ばね定数を大きくしていくと，固有角周波数が高周波数へ移動していくことがわかる．

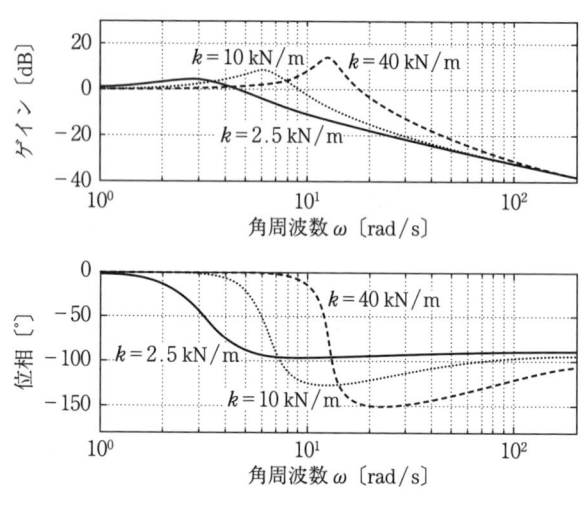

解答図 4.5

4.7 (1)

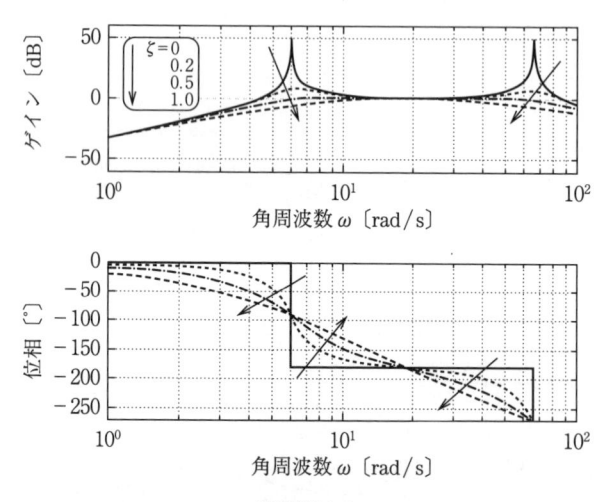

解答図 4.6

（2）

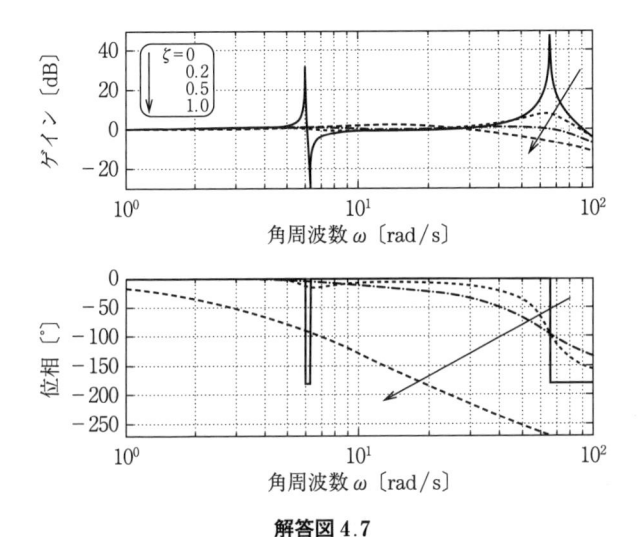

解答図 4.7

4.8 前輪のばね下から外乱変位が入力された際の車体重心の上下変位と重心まわりのピッチ角の周波数応答を**解答図 4.8** に示す。ここで採用したのは車体が前後で対称となるパラメータであり，重心上下変位に共振ピークが見受けられるものの，ピッチ角についてはピークをもたない特性となっている。

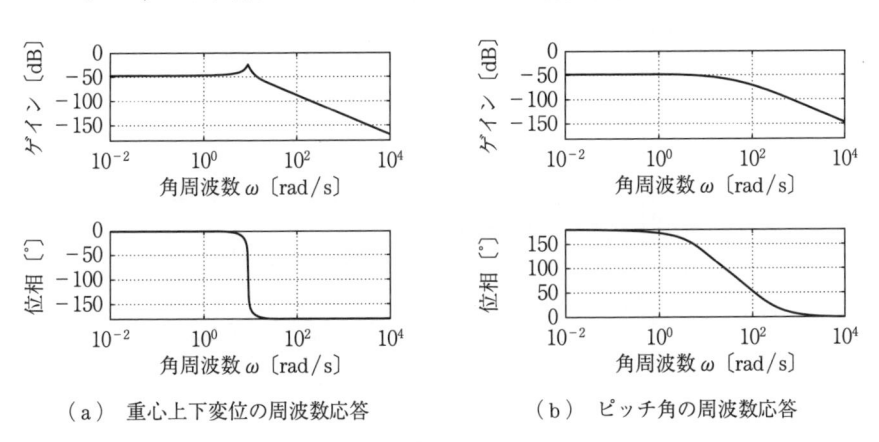

（a）重心上下変位の周波数応答　　　（b）ピッチ角の周波数応答

解答図 4.8

4.9 操舵角から横加速度およびヨーレイトまでのボード線図を**解答図4.9**に示す。横加速度の定常ゲインは，速度の増加とともに大きくなり，また高周波数側での位相が，速度の増加とともに遅れることがわかる。一方，ヨーレイトの定常

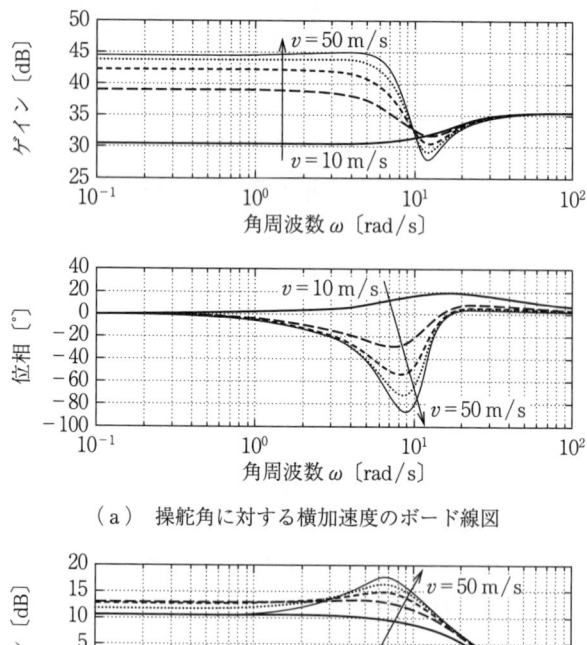

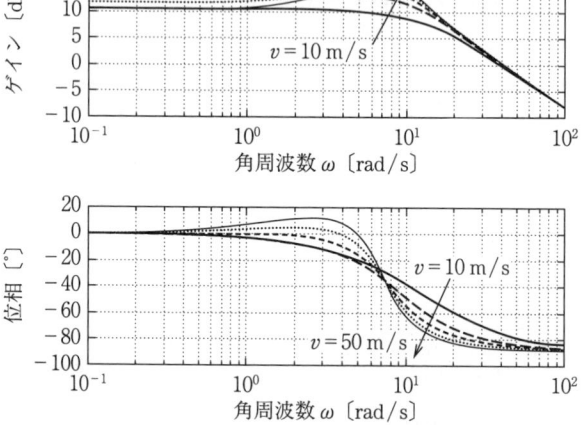

（a） 操舵角に対する横加速度のボード線図

（b） 操舵角に対するヨーレイトのボード線図

解答図4.9

ゲインは，速度の増加とともに増減する。ある速度以上で減衰が小さくなり，ピークを持った振動的な応答になることがわかる。

5 章

5.1 （1） 特性方程式よりラウス表は

$$
\begin{array}{c|cc}
s^3 & 1 & 9 \\
s^2 & 20 & 200 \\
s^1 & -1 & 0 \\
s^0 & 200 &
\end{array}
$$

となる。よって，ラウス数列に負があるため，この系は不安定である。

（2） 特性方程式より行列 H は

$$H = \begin{bmatrix} 20 & 200 & 0 \\ 1 & 9 & 0 \\ 0 & 20 & 200 \end{bmatrix}$$

となるので，小行列式は

$$H_1 = 20,\ H_2 = -20,\ H_3 = -4\,000$$

と求まる。よって，小行列式に負があるので，この系は不安定である。

5.2 ここでは，フルビッツの方法を用いる。まず条件1より

$$a_4,\ a_3,\ a_2,\ a_1,\ a_0 > 0$$

が成立する必要がある。

つぎに，フルビッツ行列は

$$H = \begin{bmatrix} a_3 & a_1 & 0 & 0 \\ a_4 & a_2 & a_0 & 0 \\ 0 & a_3 & a_1 & 0 \\ 0 & a_4 & a_2 & a_0 \end{bmatrix}$$

となるから，条件2より

$$H_2 = \begin{vmatrix} a_3 & a_1 \\ a_4 & a_2 \end{vmatrix} = a_3 a_2 - a_4 a_1 > 0$$

$$H_3 = \begin{vmatrix} a_3 & a_1 & 0 \\ a_4 & a_2 & a_0 \\ 0 & a_3 & a_1 \end{vmatrix} = a_3 a_2 a_1 - a_3^2 a_0 - a_4 a_1^2 > 0$$

$$H_4 = a_0 H_3 > 0$$

が成立する必要がある。$H_4 > 0$ は $H_3 > 0$ が成立すれば自動的に成立するので

$a_4, a_3, a_2, a_1, a_0 > 0$

$a_3 a_2 a_1 - a_3^2 a_0 - a_4 a_1^2 > 0$

が成立すれば，制御系は安定である．

5.3 特性方程式は

$$s^4 + 3s^3 + 11s^2 + 3s + 2K = 0$$

と求まる．これより，行列 H は

$$H = \begin{bmatrix} 3 & 3 & 0 & 0 \\ 1 & 11 & 2K & 0 \\ 0 & 3 & 3 & 0 \\ 0 & 1 & 11 & 2K \end{bmatrix}$$

となるので，小行列式は

$H_1 = 3, H_2 = 30, H_3 = 9(10 - 2K), H_4 = 18K(10 - 2K)$

となる．よって，この系が安定となる K の範囲は

$0 < K < 5$

である．

5.4 （1） 一巡伝達関数は

$$L(s) = \frac{1}{(s+1)(s+3)} \times \frac{K}{(s+2)} = \frac{K}{(s+1)(s+2)(s+3)}$$

であり，一巡伝達関数の極に，実部が正となるものがないので，簡単化したナイキストの安定判別法が適用できる．

一巡伝達関数の周波数伝達関数は

$$L(j\omega) = \frac{K}{(j\omega+1)(j\omega+2)(j\omega+3)} = \frac{K}{-6(\omega^2-1)-j\omega(\omega^2-11)}$$

となる．これをみると，$\omega = \sqrt{11}$ のとき $L(\sqrt{11}j) = -K/60$ となることがわかる．したがって，ベクトル軌跡が $(-1, 0j)$ の点をつねに左にみるためには，次式が成立する必要がある．

$$\left| L(\sqrt{11}j) \right| = \left| -K/60 \right| = K/60 < 1$$

したがって，K が安定となる範囲は

$0 < K < 60$

となる（**解答図 5.1**）．

（2） $K = 1$ の場合のボード線図は，**解答図 5.2** のようになる．ボード線図から，ゲイン余裕を読み取ると，ゲイン余裕が 35.6 dB であることがわかる．一方位相余裕は定常ゲイン自体が 0 dB 未満なので求めることはできない．

章末問題解答　181

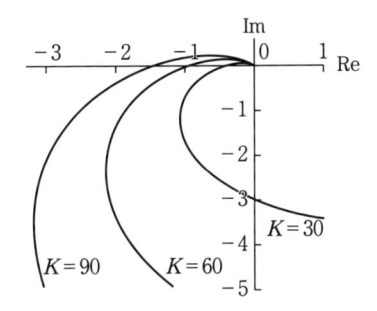

解答図 5.1

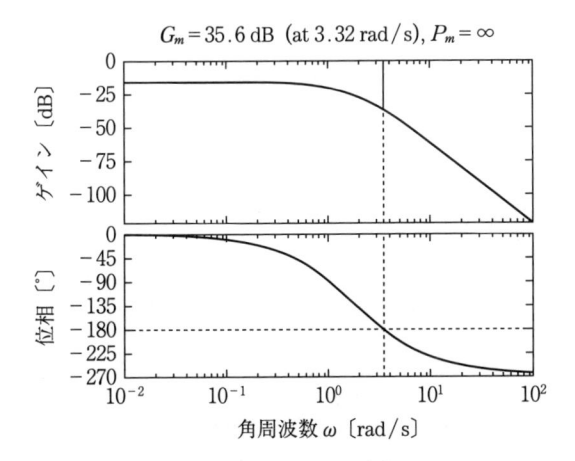

$G_m = 35.6$ dB (at 3.32 rad/s), $P_m = \infty$

解答図 5.2　ゲイン余裕

5.5　根軌跡を**解答図 5.3**に示す。

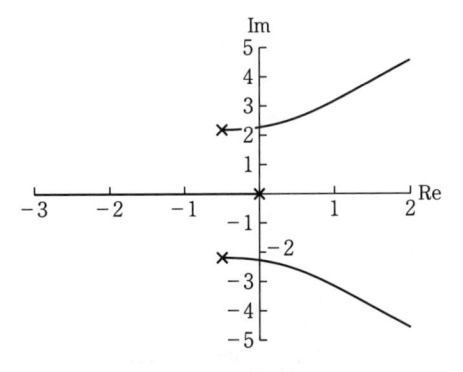

解答図 5.3

5.6 根軌跡を**解答図**5.4 に示す.

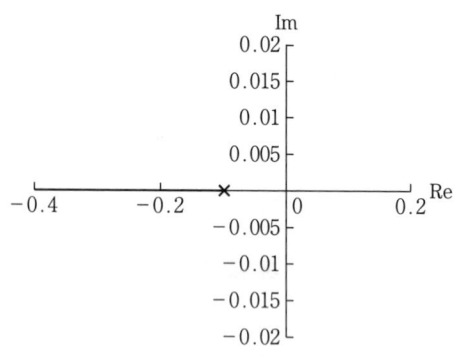

解答図5.4

6 章

6.1 一巡伝達関数は，$L(s) = P(s)C(s) = 3/\{s(s^2+3s+2)\}$ となり，この制御系は目標値に対して 1 型である．

（1） 目標値に対する定常速度偏差

$$e_{sp} = \lim_{s \to 0} s \frac{1}{1+L(s)} \frac{1}{s^2} = \lim_{s \to 0} \frac{s^2+3s+2}{s^3+3s^2+2s+3} = \frac{2}{3}$$

（2） 外乱に対する定常位置偏差

$$e_{sp} = -\lim_{s \to 0} s \frac{P(s)}{1+L(s)} \frac{1}{s} = -\lim_{s \to 0} \frac{s}{s^3+3s^2+2s+3} = 0$$

6.2 $L(s) = P(s)C(s)$，式 (6.18) より

$$e_{sp} = \lim_{s \to 0} \frac{1}{1+L(s)} = \lim_{s \to 0} \frac{s^2+3s+2}{s^2+3s+2+K_P} = \frac{2}{2+K_P}$$

したがって，$K_P=1$ のとき $e_{sp}=2/3$，$K_P=5$ のとき $e_{sp}=2/7$，$K_P=20$ のとき $e_{sp}=1/11$ となり，図 6.11 で確認したように比例ゲインの増加とともに定常偏差が小さくなることがわかる．

7 章

7.1 （1） 図 7.1 のブロック線図を直列結合およびフィードバック結合すると，伝達関数は以下のようになる．

$$G(s) = \frac{\dfrac{K_P}{ms+c}}{1+\dfrac{K_P}{ms+c}} = \frac{K_P}{ms+c+K_P}$$

（2）**解答図7.1**に比例ゲインを増加させた場合のボード線図を示す。比例ゲイン K_P を増加させることで，閉ループのゲインが増加し，位相も進んでいることが確認できる。定常ゲインは，比例ゲインの増加とともに増加しているが，0 dB，すなわち速度が目標速度に一致しないことがわかる。(1)の解答より定常ゲインを計算すると，$K_P/(c+K_P)$ となり，比例ゲインを大きくしても定常偏差をなくすには限界があることがわかる。

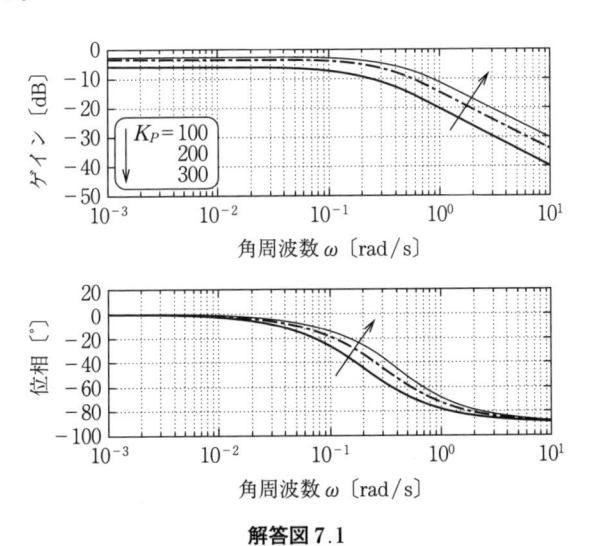

解答図7.1

7.2（1）図7.4のブロック線図を結合すると，伝達関数は以下のようになる。

$$G(s) = \frac{\frac{1}{ms+c}\left(K_P + \frac{K_I}{s}\right)}{1 + \frac{1}{ms+c}\left(K_P + \frac{K_I}{s}\right)} = \frac{K_P s + K_I}{ms^2 + (c+K_P)s + K_I}$$

（2）**解答図7.2**に積分ゲインを増加させた場合のボード線図を示す。積分ゲインを増加させることで，定常ゲインが0 dB，すなわち自動車の速度が目標速度に追従することが確認できる。(1)の解答からも，定常状態を考えると $G(0) = K_I/K_I = 1$ となることからも，定常偏差がなくなることがわかる。

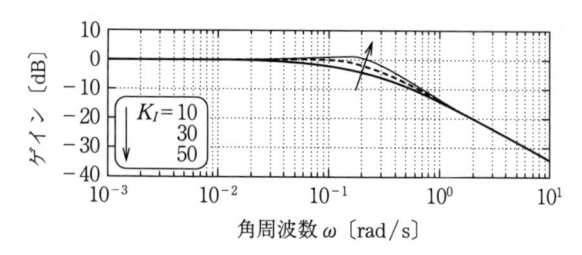

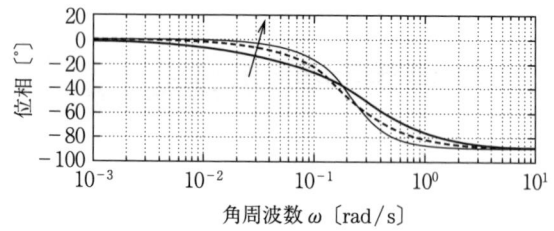

解答図 7.2

7.3 （1） 2自由度アクティブサスペンションの運動方程式は，つぎのようになる。
$$m_1\ddot{z}_1 = -c_2(\dot{z}_1-\dot{z}_2)-k_2(z_1-z_2)-f-k_1(z_1-z_0)$$
$$m_2\ddot{z}_2 = -c_2(\dot{z}_2-\dot{z}_1)-k_2(z_2-z_1)+f$$

（2） 問題図 7.1（b）に示すスカイフックダンパサスペンション運動方程式は，つぎのようになる。
$$m_1\ddot{z}_1 = -k_2(z_1-z_2)-k_1(z_1-z_0)$$
$$m_2\ddot{z}_2 = -K_D\dot{z}_2-k_2(z_2-z_1)$$

問題図 7.1（a）に示す 2 自由度アクティブサスペンションでは，ばね下質量による影響を受ける。スカイフック制御を実現するアクチュエータの制御入力は，ばね下質量との相対速度による減衰力を打ち消し，ばね上質量の絶対速度を抑制する減衰力を発生させればよいので，以下のようになる。
$$f = -K_D\dot{z}_2 + c_2(\dot{z}_2-\dot{z}_1)$$
$$= -(K_D-c_2)\dot{z}_2 - c_2\dot{z}_1$$

（3） スカイフックダンパ系は，減衰比，固有角振動数，無次元パラメータを用いると次式のようになる。
$$\zeta_s = \frac{K_D}{2\sqrt{m_2 k_2}}$$
$$\ddot{z}_2 + 2\zeta_s\omega_2\dot{z}_2 + \omega_2^2 z_2 - \omega_2^2 z_1 = 0$$

$$\ddot{z}_1 + (\omega_1^2 + \mu\omega_2^2)z_1 - 2\mu\zeta_s\omega_2\dot{z}_2 - \mu\omega_2^2 z_2 = \omega_1^2 z_0$$

ラプラス変換をすると，つぎのように整理できる．

$$\begin{bmatrix} s^2 + (\omega_1^2 + \mu\omega_2^2) & -(2\mu\zeta_s\omega_2 s + \mu\omega_2^2) \\ -\omega_2^2 & s^2 + 2\zeta_s\omega_2 s + \omega_2^2 \end{bmatrix} \begin{bmatrix} Z_1(s) \\ Z_2(s) \end{bmatrix} = \begin{bmatrix} \omega_1^2 \\ 0 \end{bmatrix} Z_0(s)$$

z_0 から z_1，z_0 から z_2 までの伝達関数は，つぎのようになる．

$$G_1(s) = \frac{Z_1(s)}{Z_0(s)}$$

$$= \frac{\omega_1^2(s^2 + 2\zeta_s\omega_2 s + \omega_2^2)}{s^4 + 2\zeta_s\omega_2 s^3 + \{\omega_1^2 + (1+\mu)\omega_2^2\}s^2 + 2\zeta_s\omega_1^2\omega_2 s + \omega_1^2\omega_2^2}$$

$$G_2(s) = \frac{Z_2(s)}{Z_0(s)}$$

$$= \frac{\omega_1^2\omega_2^2}{s^4 + 2\zeta_s\omega_2 s^3 + \{\omega_1^2 + (1+\mu)\omega_2^2\}s^2 + 2\zeta_s\omega_1^2\omega_2 s + \omega_1^2\omega_2^2}$$

7.4 （1） 減衰比による極の変化を**解答図 7.3** に示す．減衰の増加とともに実軸に近い代表極が虚軸から離れ，左半平面への移動する様子が確認できる．

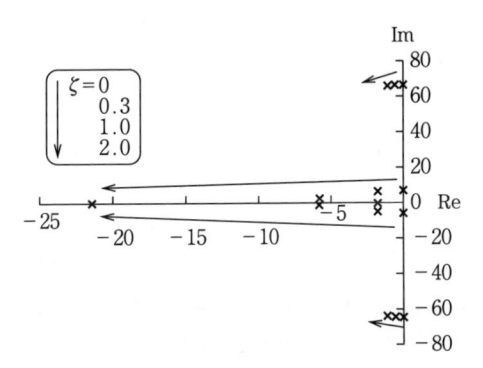

解答図 7.3

（2） 車体変位 z_2 の段差乗り上げ応答および周波数応答を**解答図 7.4** に示す．減衰の増加とともにオーバーシュートや共振ピークが低減されることが確認できる．

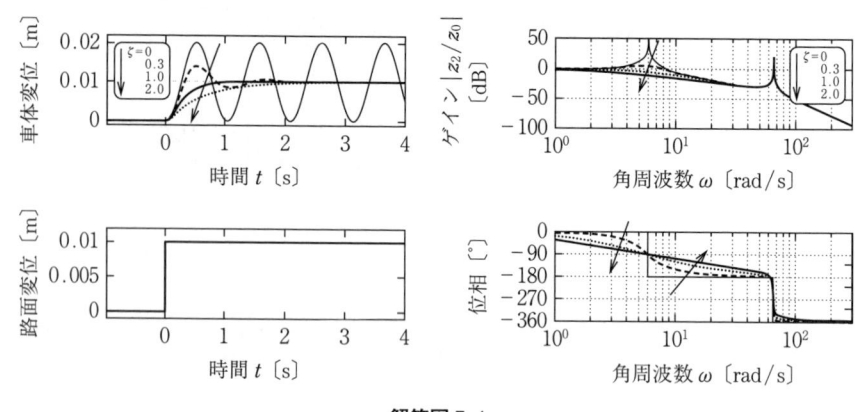

解答図 7.4

7.5 特性方程式は

$$s^4 + 10.75s^3 + 54.83s^2 + (23.22 + 11.6K_a)s + 3.48K_a = 0$$

である。フルビッツの判別法を用いると，安定条件として以下の条件が得られる。

$K_a > 0$

$H_2 = 566.1 - 11.6K_a > 0$

$H_3 = 13\,147.2 + 5\,896.4K_a - 134.56K_a^2 > 0$

$H_4 = 3.48K_a H_3$

ただし

$$H = \begin{bmatrix} 10.75 & 11.6K_a + 23.22 & 0 & 0 \\ 1 & 54.83 & 3.48K_a & 0 \\ 0 & 10.75 & 11.6K_a + 23.22 & 0 \\ 0 & 1 & 10.75 & 3.48K_a \end{bmatrix}$$

これらの条件から，$H_3 > 0$ であれば制御系は安定となるので，オートパイロットが安定となるゲイン K_a の範囲が，つぎのように決定できる。

$0 < K_a < 45.9$

7.6 （1） 根軌跡を**解答図 7.5** に示す。

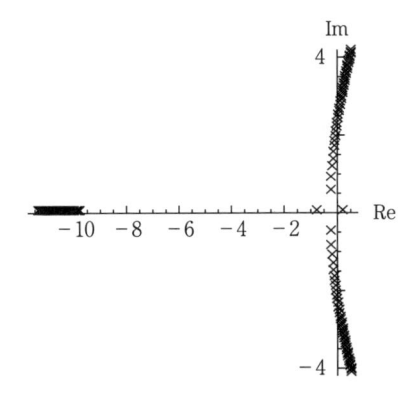

解答図 7.5

（2） 図 7.26 のロール指令角からロール角までの伝達関数は
$$G(s) = \frac{10K}{s^3 + 11s^2 + 10s + 10K}$$
である。特性方程式は $s^3 + 11s^2 + 10s + K = 0$ である。例えば，フルビッツの判別法を用いると。制御系が安定になるための条件として，$K>0$，$110-10K>0$ が得られる。したがって，$0<K<11$ の範囲において制御系は安定となる。

（3） 一巡伝達関数は
$$L(s) = \frac{10K}{s(s+1)(s+10)}$$
となり，この制御系は目標値に対して 1 型である。
目標値に対する定常位置偏差は
$$e_{sp} = \lim_{s \to 0} s \frac{1}{1+L(s)} \frac{1}{s} = \lim_{s \to 0} \frac{s(s^2+11s+10)}{s^3+11s^2+10s+10K} = 0$$
また，目標値に対する定常速度偏差は
$$e_{sp} = \lim_{s \to 0} s \frac{1}{1+L(s)} \frac{1}{s^2} = \lim_{s \to 0} \frac{s^2+11s+10}{s^3+11s^2+10s+10K} = \frac{1}{K}$$
となり定常速度偏差が生じることがわかる。

索引

【あ】
アクチュエータ　　　138
安　定　　　66
　　――性　　　112

【い】
行き過ぎ時間　　　112
位　相　　　76
　　――交点　　　117
　　――余裕　　　105
一巡伝達関数　　　99
位置偏差定数　　　120
インパルス応答　　　48

【う】
ウォッシュアウトフィルタ
　　　72

【お】
遅れ時間　　　112
オーバーシュート　　　112

【か】
外　乱　　　98
加速度偏差定数　　　122

【き】
逆応答　　　72
共振周波数　　　115
極　　　45
極・零・ゲイン表現　　　45
極零相殺　　　110

【く】
加え合わせ点　　　34

【け】
ゲイン　　　45, 115
　　――クロスオーバー周波数
　　　115
　　――交点　　　117
　　――余裕　　　105

限界感度法　　　128
減衰性　　　112
減衰比　　　57

【こ】
固有角周波数　　　57
根軌跡　　　107

【さ】
最終値の定理　　　119

【し】
時定数　　　53
遮断周波数　　　87
周波数伝達関数　　　77
自由物体図　　　4
振　幅　　　76

【す】
ステップ応答　　　51

【せ】
制御器　　　98
制御対象　　　98
制御量　　　98
整定時間　　　112
積分ゲイン　　　125
積分時間　　　125
積分制御　　　127
零　点　　　45

【そ】
速応性　　　112
速度偏差定数　　　121

【た】
帯域幅　　　115
代表極　　　113
立ち上がり時間　　　112
単位インパルス関数　　　48
単位ステップ関数　　　51

【ち】
直列結合　　　34

【て】
定常位置偏差　　　120
定常加速度偏差　　　121
定常ゲイン　　　87
定常状態　　　74
定常速度偏差　　　121
定常偏差　　　119
デルタ関数　　　49
伝達関数　　　27

【と】
特性根　　　99
特性方程式　　　45

【な】
ナイキスト線図　　　104
内部安定性　　　110
内部モデル原理　　　131

【ね】
ネガティブフィードバック
　　　36

【は】
ハイパスフィルタ　　　94

【ひ】
引き出し点　　　34
ピークゲイン　　　115
非最小位相系　　　72
微分ゲイン　　　125
微分時間　　　125
微分制御　　　126
比例ゲイン　　　125
比例制御　　　126

【ふ】
不安定　　　66
　　――零点　　　72

フィードバック結合	36	【ほ】		——化	2
フィードバック制御	98	ポジティブフィードバック		【ら】	
ブロック線図	33		36	ラウス表	100
プロパー	45	ボード線図	83	ラプラス変換	26
【へ】				ランプ関数	65
並列結合	35	【も】		【ろ】	
ベクトル軌跡	78	目標値	98	ローパスフィルタ	115
偏　差	119	モデル	2		
【P】		PID制御	125	2次遅れ要素	58
PD制御	126	【数字】			
PI制御	132	1次遅れ要素	53		

―― 著者略歴 ――

綱島　均（つなしま　ひとし）
1981 年　大阪府立大学工学部航空工学科卒業
1983 年　大阪府立大学大学院工学研究科博士前期課程修了（航空工学専攻）
1983 年　株式会社神戸製鋼所
1995 年　博士（工学）（東京大学）
1996 年　日本大学専任講師
1998 年　日本大学助教授
2004 年　日本大学教授
2018 年　日本大学鉄道工学リサーチ・センター長
　　　　現在に至る

吉田　秀久（よしだ　ひでひさ）
1995 年　東京農工大学工学部機械システム工学科卒業
1998 年　日本学術振興会特別研究員
2000 年　東京農工大学大学院工学研究科博士後期課程修了（機械システム工学専攻）
　　　　博士（工学）
2000 年　東京農工大学助手
2004 年　東京農工大学大学院講師
2007 年　防衛大学校講師
2008 年　防衛大学校准教授
2016 年　防衛大学校教授
　　　　現在に至る

中代　重幸（なかだい　しげゆき）
1990 年　東京農工大学工学部機械工学科卒業
1995 年　東京農工大学大学院工学研究科博士後期課程修了（機械システム工学専攻）
　　　　博士（工学）
1995 年　東京大学助手
1998 年　千葉工業大学講師
2003 年　千葉工業大学助教授
2007 年　千葉工業大学准教授
　　　　現在に至る

丸茂　喜高（まるも　よしたか）
1998 年　東京農工大学工学部機械システム工学科卒業
2000 年　東京農工大学大学院工学研究科博士前期課程修了（機械システム工学専攻）
2000 年　財団法人日本自動車研究所
2005 年　日本大学助手
2006 年　東京農工大学大学院工学府博士後期課程修了（機械システム工学専攻）
　　　　博士（工学）
2007 年　日本大学専任講師
2012 年　日本大学准教授
2020 年　日本大学教授
　　　　現在に至る

クルマとヒコーキで学ぶ 制御工学の基礎
Introduction to Control Engineering for Road Vehicle and Aircraft

　　　　　　　　　　　　　　　Ⓒ Tsunashima, Nakadai, Yoshida, Marumo 2011

2011 年 3 月 28 日　初版第 1 刷発行
2021 年 8 月 10 日　初版第 7 刷発行

検印省略	著　者	綱　島　　　均	
		中　代　重　幸	
		吉　田　秀　久	
		丸　茂　喜　高	
	発行者	株式会社　コロナ社	
	代表者	牛来真也	
	印刷所	萩原印刷株式会社	
	製本所	有限会社　愛千製本所	

112-0011　東京都文京区千石 4-46-10
発行所　株式会社　コロナ社
CORONA PUBLISHING CO., LTD.
Tokyo Japan
振替 00140-8-14844・電話(03)3941-3131(代)
ホームページ https://www.coronasha.co.jp

ISBN 978-4-339-03200-0　C3053　Printed in Japan　　　　　　　　　　（河村）

<JCOPY> <出版者著作権管理機構 委託出版物>
本書の無断複製は著作権法上での例外を除き禁じられています。複製される場合は、そのつど事前に、出版者著作権管理機構（電話 03-5244-5088, FAX 03-5244-5089, e-mail: info@jcopy.or.jp）の許諾を得てください。

本書のコピー、スキャン、デジタル化等の無断複製・転載は著作権法上での例外を除き禁じられています。購入者以外の第三者による本書の電子データ化及び電子書籍化は、いかなる場合も認めていません。
落丁・乱丁はお取替えいたします。